王浩威·青春门诊系列

拥抱青春期
青少年的5堂心理课

王浩威——著

台海出版社

北京市版权局著作合同登记号：图字 01-2021-3472

Ⅰ中文简体字版 © 2022 年，由台海出版社出版。
Ⅱ本书由心灵工坊文化事业股份有限公司正式授权，同意经由 CA-LINK International LLC 代理正式授权。非经书面同意，不得以任何形式任意重制、转载。

图书在版编目（CIP）数据

拥抱青春期：青少年的 5 堂心理课 / 王浩威著 . --
北京：台海出版社，2022.5
　ISBN 978-7-5168-3245-5

　Ⅰ.①拥… Ⅱ.①王… Ⅲ.①青少年心理学 Ⅳ.
① B844.2

中国版本图书馆 CIP 数据核字（2022）第 040443 号

拥抱青春期：青少年的 5 堂心理课

著　　者：王浩威

出 版 人：蔡　旭　　　　　　　封面设计：**DOLPHIN** Book design
责任编辑：魏　敏　　　　　　　　　　　　海豚 QQ:592439371

出版发行：台海出版社
地　　址：北京市东城区景山东街 20 号　邮政编码：100009
电　　话：010-64041652（发行，邮购）
传　　真：010-84045799（总编室）
网　　址：www.taimeng.org.cn/thcbs/default.htm
E－mail：thcbs@126.com

经　　销：全国各地新华书店
印　　刷：三河市嘉科万达彩色印刷有限公司
本书如有破损、缺页、装订错误，请与本社联系调换

开　　本：880 毫米 ×1230 毫米　　1/32
字　　数：144 千字　　　　　　　印　　张：6.5
版　　次：2022 年 5 月第 1 版　　 印　　次：2022 年 8 月第 1 次印刷
书　　号：ISBN 978-7-5168-3245-5

定　　价：49.80 元

版权所有　　翻印必究

前言

十岁的成人，四十岁的少年

结束复旦大学的国际研讨会，离开上海没多久，我就驾着车快速奔回台北。同车的同行前辈笑我精力旺盛，下飞机就立刻回诊所看个案。我有些哭笑不得："是呀，何必将自己忙成这样，这样的工作节奏已经十多年了。"

飞机在浦东起飞时，耽搁了半小时，出关等行李又延迟了一会儿。每一些微的延迟，就要将慌乱的心调整一下，免得不必要的着急涌上心头。我和个案约好下午四点见面，似乎只剩半小时的时间了。正担心时间的仓促，没想到从机场北上高速公路的这段路，又堵塞了十几千米。

S 和 J 是两个我当天非看不可的个案。特别是 S，下午四点是我们两人好不容易约好的时间，否则又要等一个礼拜后。

S 刚被大学退学，开始咨询没多久。他很敏感，而我们的治疗关系还没完全建立，我希望不要有任何迟到之类的事发生，让他对我的信任动摇。

而J是一个患有重度抑郁症的少女，她的父母许久以前就离婚了。我去上海开会前的最后一次会谈即将结束时，她缓缓伸出右手，腕上有前一晚新划的伤痕。这次出去开会我最担心的是病情又恶化的她，我反复思考：我应该通知她的父母吗？可是，这次恶化就是因为她爸爸开始受不了照顾她的压力，表示："如果再住院，就送你住慢性疗养院，不再养你了。"我知道其中有部分是情绪性的话，但也知道因为她妈妈避不见面而最近才接她一起住的爸爸，其实对她的病情不甚了解，也不愿了解，只是付钱治疗。

对J而言，生命就是一次又一次的被抛弃。临行前，我承受着比平常还沉重的她可能自杀的危险，只因为担心J又以为住院就是被治疗师再一次抛弃了。这次希望能立刻见到她，是要确定她的安全，也是要让她知道我并没有抛弃她。

当车子近乎超速地穿梭在车流之间，两位同仁都紧张地停止了交谈。直到下了高架桥，确定时间是三点四十分，车内凝固许久的气氛才终于松下来。

这是刚刚才发生的事。但就在前两天，我还趁到上海开会之机，偷闲到杭州游西湖呢。

我们中午前抵达，在湖畔的旅馆安顿好，然后，步行到楼外楼用餐。四月初的西湖，正午有点儿热，有一条小船停在岸边，我们便搭船消暑，轻轻慢慢只是晃着。旧西湖是钱塘江的水，有些波荡，穿过苏堤到了新西湖就是泉水，平静许多，也清净许多。这是划船的阿嫂告诉我们的。没多久，雾霭越来越浓。初春苏堤，青柳嫣桃，鸟鸣声时远时近，整个人随着缓慢的波静静荡下来，是许久都不曾有过的感觉，几乎就要忘记这一刻以外的所有时间，以及那些时间里的所有行程。

这感觉转瞬即逝，现在整个人已开始紧张，心也绷紧了，仿佛刚刚开车上高速公路，一下子就切换到快速车道了。

做青少年方面的工作是很容易使人陷入焦虑状态的。然而，更难的是，虽然着急，一切还得从容自在。一来，只有耐心地等待，才能让青少年的主动性最终显现；二来，任何大人或权威在承受不住焦虑时，他所显露出来的表情或语言，都可能被青少年视为一种压迫——"又来了，又要逼我……"

青少年个案在临床上比其他年龄层的人更容易迅速变化。只是，身边的大人只能坦然面对，却不能将担心形于色。

青少年在生活里的状态，也比其他年龄层的人更容易迅速变化（不只是临床上，在一般生活中也是如此）。这些年来，我们看到越来越多的新疾病和新难题出现在青少年身上。甚至，连什么是青少年，究竟是几岁到几岁，也很难区分。

在督导精神科当住院医生时，一位年轻的女医生说起她新接的个案：四十多岁的男性，他觉得十多年来都被自己最好的朋友欺骗了，强烈的愤怒让他陷入忧郁。年轻的女医生无法理解，这样的男人怎么有这些不可思议的幼稚想法？我用詹姆斯·马西亚的青少年认同过程结构图（他的老师爱利克·埃里克森是提出青少年认同论点的大师）来解释：这个个案不是有一些幼稚，而是一直没长大，除了躯体。

同样，在儿童心理门诊，我们也可以看到十岁的孩子，不只言谈举止老气横秋，甚至比单纯的妈妈还更焦虑着爸爸被裁员后的经济问题。在这个家庭里，这位十岁的小姐姐，比妈妈更像是爸爸照顾家庭的得力帮手。

如果我们将少年、青少年和青年定义为从孩子到成人的阶段，孩子则指的是大部分需要他人的状态，从少年到青年则是过渡期。这样一来，在变化越来越大的家庭结构下，就可能出现"四十岁的孩子"和"十岁的成人"了。

青少年工作是不容易，但也因此十分迷人。

1979年，完成精神科住院医生工作后，我离开台北到花莲开展自己的职业生涯。选择东部当时新成立的医学中心，是为了学术研究。当时，除了精神医学，我还喜欢文学、人类学和社会学。我以为在精神医学和这些学科之间，可以开拓自己的学术生涯。

后来，我没做成学者，倒是对临床工作和文学创作越来越投入。特别是心理治疗，慢慢变成我的主业。

当时台湾地区制定了一个新政策，要在原来的中学辅导网加上精神科医生作为团队的一员。东部辅导网包含了宜、花、东三县，相当于半个台湾了。东部的负责学校是花莲女中，辅导室的唐永丰主任和温嬛椿老师邀我一起加入这项工作。很幸运，我开始遇见更多的青少年，也通过他们而遇见更多的学习和成长的机会。自然而然地，我开始找更多的书籍来看（当然，能找到的都是英文的），也开始为这一群个子高大却喑哑无声的隐性弱势群体而着急。于是，在心急的情况下，陆续写了几篇评论。

我开始以这些青少年为对象写一些临床侧写的散文，则是1995年回到台北以后的事。一开始会有这样的想法，要特别感谢当时《幼狮文艺》的主编陈祖彦。在并不相识的情况下，她邀我开辟《EQ诊疗室》专栏，让我尽情发挥。我便由此以青少年内心世界为焦点，用文学的方式来做进一步的呈现。

1998年，在时任幼狮出版社的总编辑孙小英和编辑李文冰的帮助下，我出版了《台湾少年记事》一书。好友陈义芝帮我写了序（见本书"诊疗室絮语"部分），也从侧面反映了当时的我。而我自己也在序中这样写道：

开始将创作视为人生职志之一也是1991年到花莲以后，遇见青少年的那一年。也许是这样的机缘吧，让自己将同一年发生的两件事结合起来，用散文手法来经营青少年的内心世界。然而，我也明白地感觉到，对于这类的思考，文学恐怕才是最好的呈现手法。内心世界的运作是不容易有逻辑的，理性的评论或研究报告只能理出一些让人更容易理解的原则，却不容易让人体验到那些感情。

我想谈的却是这些感情，这是可以让我们接近彼此心灵的唯一途径。

许多年过去了，那些少年究竟变了多少，恐怕难以计量。

许多老问题还是让人忧心忡忡的，许多新问题却又源源不断地涌来：拒学、自伤、厌食和暴食、网络成瘾、自闭……

在《台湾少年记事》出版十一年后，我们删除、改写了部分作品（如《街头与家之间》部分改写自《青少年戒严时代来临》），再加上几乎等量的近年来发表的相关文章，让这次的出版稿件在心灵工坊的编辑雅媚和玉立的帮忙下，编辑成一本更完整的书。

我自己十分满意这本书，不只是因为这是这些年来学习心得的"炫耀"，也包括对这领域极好的呈现吧。

感谢本书的编辑，也感谢为我推荐的朋友们。当然，更感谢书中出现的所有主角。虽然，基于专业伦理的原则，没有一个真正的临床个案被直接写进去，但是，严格来说，关于他们面貌的片段，我还是忍不住地在加工变形以后，偷偷使用了。

在这篇序结束的地方，我还是要沿用上一本书序文的最后一段话：

"*遇见了青少年，而有了这本书；也希望因为这本书，可以遇见更多的青少年。*"

目 录

第一课　走出内心：在我们的屋子里

勇于梦想 / 003

独唱少年 / 008

变身 / 012

沉默的呐喊 / 018

面具 / 025

怨愤少年 / 031

虎父如何教出虎子 / 037

快压垮了我们的家 / 041

街头与家之间 / 046

第二课　过滤环境：家庭和家庭之外

呐喊青春 / 055

不敢开口问 / 064

追风者的指引 / 067

家里那个被忽略的人 / 074

"偏颇"的平衡 / 077

还给孩子一个良好的成长环境 / 080

透明化的存在 / 084

沉默的"瘟疫" / 087

第三课　释放之门：校园生活的竞技场

标签 / 103

消失 / 108

纸飞机乘风飞翔 / 112

新新人类更幸福吗 / 117

开启杀人之门，释放内心的困兽 / 121

第四课　自我历练：在社会的跑道上

　　爱丽丝不愿离开仙境 / 131

　　善意的囚牢 / 136

　　男孩不能哭吗 / 142

　　走进另一个世界 / 145

　　活着，其实有很多方式 / 149

　　自我放逐 / 153

　　失去梦和理想 / 157

　　我的勇气遗留在爱琴海 / 160

　　未来，属于走向四面八方的"傻子" / 163

第五课　拥抱阳光：诊疗室絮语

　　丰富了我的天使们 / 169

　　我的朋友王浩威 / 190

　　遇见青少年 / 193

第一课

走出内心：在我们的屋子里

勇于梦想

我还记得,从窗口射进的阳光里,第一次见到的志弘,有一种叫人困惑的安详。每一个人现身的那一刹那就诉说了很多故事。他的表情,他的神采,他身体的节奏感,还有,他眼神流露出的焦虑。

通常,陌生的诊疗室让人感觉压力十足,特别是对初诊的个案而言。他们来到一家大型的医院,穿过不熟悉的走廊,找到门诊所在地之后便焦躁地挤在人群中等待。突然听到叫号,轮到自己了,等待的情绪终于得到释放的同时,却又跨进了另一个更有压迫感的诊疗空间。

志弘是妈妈陪着来的。他微笑着在我面前坐下,一点羞涩或慌乱都看不出来。我甚至还来不及开口,他就直接说了:"我觉得自己应该找个心理医生,所以就让妈妈陪着来了。"如果不是刚刚变声的尴尬嗓音,还有嘴上初冒的青嫩胡须,这样成熟的遣词用字还以为是个成人说出的,而且是相当成熟的人。

通常,来到我门诊的青少年看起来都是不太愉快的,所谓的不愉快，是指被迫来看诊的过程。也许是父母要求，也许是辅导老师建议，这些青少年总是处在气氛恶劣的被"押解"状态。志弘的情况却相反，他既主动又乐意配合。

志弘来门诊的原因是自己的上课状态不佳。今年已经读高三了，全班都在冲刺，志弘却觉得自己提不起劲，总觉得效率永远比别人低，睡眠也变得越来越浅，仿佛不曾全然放松。志弘说，他看过的书上说这样的情形是压力太大或有心事造成的，只是自己无法自我分析。

志弘在这所公立高中的成绩在中上等，考上大学一定没问题。他在班上的表现甚至可以称得上优秀，永远都是大家最信任的同学，几乎每学期都无异议地被推选为班长。他对人总是彬彬有礼，既礼貌又不做作，学校附近的商店老板、卖便当的小贩、眼镜店老板等，几乎都认识他，并且随时以特价优待他。

陪着来的妈妈乍看只是寻常的妇人，却也是难得的安静，看不出一点焦虑。反倒是我自己忍不住问："妈妈觉得呢，你对志弘的问题有什么看法？"

原来妈妈是大学教授，而爸爸在某知名研究机构担任高级研究员，因为今天必须主持学术会议无法一起来。夫妻二人不仅成就高，甚至在当地还颇有知名度。她对志弘相当满意，说他从小就比大多数孩子懂事，做人诚恳，自然也没有让他们夫妻多操心。她说，因为她在美国留学有相当长的一段时间，能接受心理辅导的方法，所以志弘一提及看诊就陪着来了。

他们母子是如此稳重而成熟，我反而更焦虑了。父母完美的教育方式，孩子既懂事又成熟，这样还有什么问题呢？我忍不住问妈妈："难道，你不觉得志弘太让你们放心了吗？"

原来气定神闲的妈妈忽然怔住，眼神闪过一丝的慌乱。她沉默了一下，才说起自己对志弘的担心。她说，他们夫妻从来不给孩子压力，也从未忽略孩子的需要，却总觉得志弘没有一般孩子应有的活力和热情。

当年夫妻俩在美国先后修完博士后，就依计划生了志弘。刚刚回台湾时两人虽然都忙着研究和晋升等，白天不得不将志弘托放在保姆家，但对志弘的教育一直抱持着开放、高质量的态度。她说，志弘的成绩虽然比不上他们夫妻上学时的，不过他们早早就告诉志弘要依自己的兴趣去学习。

然而，父母不给压力，孩子果真就没压力吗？我慢慢引导志弘，让他回想童年的自己。从幼儿园开始，每次换班级或换老师，他的个人资料上关于父母的成就总是吸引着每一位老师。于是，从小他就知道自己有着十分"伟大"的父亲和母亲。慢慢地，随着年级的升高，他虽然成绩不错，却称不上出类拔萃。在不自觉的状态下，他在潜意识里认定自己可能没有父母那么高的智商。但是，就像每一个人有自我追求的力量，志弘对自己的表现依然有所期待，譬如，他让自己拥有更好的人际关系和更高的领导能力，而这是他父母当年扮演单纯的好学生角色所不曾拥有的。

在成长过程中，社会和周遭的人对我们的期许，会自然内化成自己对自己的期待。这样的内化过程是自发的，没有一丝勉强，也从来不留痕迹。也许有一天，等我们更年长时，我们会起身反抗这种已经内化的期待，或者去寻找更高的理想和更多的认同，舍弃这份原有的自我期待，但这种将外界期待加以内化的过程是进入社会关系的第一步。

对志弘而言，父母的"非凡成就"早已通过亲戚或师长的赞叹而内化到内心深处了。然而，过早知道自己不可能有所谓的"非凡成就"，就会过早放弃一切梦想。他在人际关系上，也同样获得了"非凡成就"，但在内心深处彻底否定了实现任何梦想的可能，特别是有关知识或学业上的梦想。

志弘，一个不敢有梦想的青少年。因为父母的成就和完美，他必然会面临许多的挫折和失败，并将永远输给他心目中的完美父母。高考临近，依他现在的成绩，任凭他再怎样拼命用功，还是会再一次面对自己输给父母的挫折感。在这样的情况下，他还能够有激昂的斗志吗？

我告诉志弘，就让我们回到童年吧，还是相信童话的年纪。如果真的遇见了一位肯送你三个愿望的仙人，但是只能局限于对自己的期待和梦想，那么你想要什么呢？

讲话一直都很流畅的志弘忽然沉默了。从他的表情可以看出来，他真的很认真在想，正在脑海里拼命搜索各种想象。最后，他还是没法回答这个简单的问题。

志弘不是没有梦，而是害怕失败的习惯早就让他的心不敢拥有任何梦。

我告诉志弘，关于睡眠，再怎么严重的失眠只要一颗药丸就够了。但是，关于高考和读书，要不要想想看，如果是仙人送你的愿望，你希望考上哪所大学和读哪个专业呢？然后再想想看，为什么会有这个愿望呢？梦想，对有些人来说，是最好的处方。

独唱少年

少轩低着头安静地坐下，用沉默回答了我的问题。他有一点胖，虽然个子已经很高了，但还是一脸天真的童稚容颜，两只手不知不觉地在无言的寂静里开始反射动作似的不断搓动。

我揣摩了一下自己刚才的问话，也许用词太不符合青少年，于是再问了一次："我是说，像在班上突然没法控制，发出了声音，大家一定会瞪着你看，那你怎么办呢？"少轩是因为不自主地尖叫，神经科医生分不清是什么原因，吃药的效果又差，才转介到我的门诊。

坐在一旁的妈妈开始说话了，而且是相当体贴的口吻："少轩，要不要说说看呢，你在家里不是曾提过……"妈妈急躁地讲着，虽然我立即比了个手势要求她不要出声，却只阻止了一半。我只有再度对依然腼腆地低着头的少轩说："随便说说吧，想到什么就说什么。"整个诊疗室忽然陷入了沉默，一种很难得的安静。

在这家医院里，人们总是快速交谈。医生和护士都受过良好的训练，总是以敏捷的动作辅助完成最快速的沟通。而病人和家属们因应医院的要求，也不得不提高自己的效率，但原来的环境不是早就训练我们过着这种以效率为目标的生活吗？

如果这时候有一个镜头，从我们的诊疗室开始拉高，看见了忙碌运转的庞大医院；再拉高，整个城市尽在眼底，里面的每一个人依旧忙碌而迅速；甚至，当整个岛屿都被纳入视野，我们还是可以感觉到这片土地永远不停息地骚动，急促的脉动振动出低沉又快速的声音，那是一声又一声的加油、加油、加油……

然而，语言永远只是某些人的专利品，是这个社会中所谓成功的人才可能拥有的，而且主导了整个城市脉动的都是成人。

就像此刻，在诊疗室里，焦虑的妈妈在我的手势或者口头的暗示下，终于沉默下来了。我重复了两次问话以后，也闭上了嘴安静地凝视着少轩。少轩的双手搓动得更快速了。

在这个小小空间里，隔音不佳的门墙虽然还隐约传来外面候诊或脚步走过的嘈杂声，寂静却开始继续凝聚，气氛而逐渐沉重了。这种沉重的安静，开始让不习惯的人感到一种不得不开口结束这一切无声状态的强烈焦虑。

妈妈的身体动了一下，我知道她快忍不住而习惯性地要打破沉默了，就赶紧做了一个请她安静的小小手势，叫她继续等待。

少轩的双手搓得更快了。

这个不经意的动作到达可能的最高速度时，我知道，声音就要出现了。

"很好玩呀。"少轩终于抬起头，露出羞怯的眼神。周遭立刻又恢复了原先的寂静，也许只是一秒钟吧，但强烈的沉默压力足够叫人焦躁不安了。终于，少轩又继续开口说，"就是大家都会笑一笑，很高兴啦。"

我继续保持放松的姿态，抑制住心中的喜悦。虽然他终于开口说话了，但是任何被激起的情绪会立刻感染外散，而让敏锐的他再次羞怯地关闭自己，恢复之前沉默着搓手的模样。我也要抑制自己的好奇心，毕竟那明明是很尴尬，甚至困窘的表现，根本不可能"很好玩"的。任何惊讶或质疑，都可能惊动他小心翼翼才鼓足勇气发声的喉头。

他继续讲下去了，用片段的词语零碎地说明着。我开始微微点头，听他再说下去，然后才稍稍发出"嗯哼"的回应，鼓励他再继续说下去。我要像一个谨慎的唱和者，让原先胆怯的独唱少年逐渐放开嗓门，让他也清楚地听到自己的声音。我甚至用眼神仰望他、倾听他，让他也相信自己说的话果真是重要的，让他有信心说下去。这时，我才缓缓发出声音："怎么说呢？""还有呢？""要不要再多说一点？"逐渐让独唱少年在确立信心以后，也可以同时听见我的问话了。于是，一首独唱的编曲，慢慢地在不知不觉中逐渐转换成双重唱。

我们这间诊疗室也开始有了越来越急切的声音，原来沉默的冰块终于开始融解了。就像这家大型的医院一样，虽然我们的速度和温度都还差一点，但也开始有些骚动了。

在这个快节奏的大都会里，我们听得到的所有声音大都属于有能力的人，这些声音大多来自不再困惑的成年人。虽然是有人得意，有人失败，但至少自己的耳膜都习惯了自己的嗓子发出的声音。

有些声音是来自小孩子的，他们对大人的世界充满崇拜和好奇。因为他们很明显在这个世界之外，自己又没意识到这一切的差异，因此不在乎成人对自己的看法，反倒偶尔也能侃侃而谈。

然而，这群青少年在哪里呢？

失去了声音的青少年，或者偶尔像野兽般发出不悦的反抗声音的青少年，他们生活在这个地球上，却像隐身的外星人，只有身处同类社群里，他们才敢自在地放声嬉笑。

变身

摩托车在路面上飞驰,激烈的速度好似要挣脱地心引力的牵绊,全身的每一寸肌肤都好像要被迎面袭来的疾风撕裂并剥离骨架。立文只是一个劲儿地踩着油门,什么感觉都没了。

什么感觉都没了,他想,这种没感觉的感觉实在舒服极了。身体重心微微倾斜,整辆车就跟着偏斜过去,几乎贴近地面再顺势拉回。就这样,忽左又忽右,整辆车也跟着以摆荡的方式,飞行在路中央。风的声音很大,隔着头盔钻入缝隙,轰隆隆地呼啸着。好像可以听见更高分贝的喇叭声,是被刚刚驶过的汽车吓一跳的原因吧。立文只是想笑一笑,可是连表情也被风挤得不成形了。

刚刚超他车的那个老家伙,大概就像爸爸那一种人吧,永远都没什么反应,非得要出个状况才会引起他的注意。

立文要见到爸爸是不太容易的。上学出门时,他还在睡觉;晚上熬夜读书,他不是还没回来,就是应酬到不省人事才被扛进门。有时候爸爸简直是丢脸极了,连续几天都是大嚷大叫地吵醒全家人，爸爸的同事像哄小孩子一样求他进门，妈妈都快被他气哭了。

立文永远关着房门，守着自己的台灯，还有桌上一大堆课本和参考书。他听见妈妈哭了，自己也要哭了。"这样的爸爸，真丢脸呀！"想着想着，立文发现自己不仅全身发抖，还真的掉下了几滴泪。不过，眼泪最多也只有三五滴。最舒服的感觉就是没有感觉，立文提醒着自己，顺手将耳机紧紧挤进耳道里。

哭什么劲呢？一点也不像男人。

立文脑海里咒骂着自己，却惹得自己的心情如风浪般更加翻转作怪了。尤其是，刚才还在责怪爸爸，现在居然还用爸爸向来骂他的话来骂自己。明明是自己最痛恨也最看不起的人，却甘心让他这样继续作践自己，真是矛盾呀！

耳朵里听到的音乐越是嘶吼，内心越是因着无法遏止的各种矛盾而痛苦，整个人几乎要昏厥过去。

才短短几秒吧，似乎稍稍晃了一下神，立文的心情便恢复了平静，才发现摊开的数学课本上有几滴血。原来，不知不觉中，自己在左手腕间用锐利的美工刀划了浅浅的几条线。

这已经不知是第几次了。立文熟练地抓起卫生纸压紧手腕的伤痕，再另外抽了两张纸谨慎地拭去课本上的血迹——先用卫生纸的毛边吸一吸，再拿钢笔在上面甩上深蓝色的墨水，这样就看不出是血还是其他玩意儿了。

第一次发生这样的出神现象，立文自己也吓了一跳。当时，他最担心的莫过于在失去意识的状态下，万一这美工刀划太深，命就没了。不过，几次都只是细细地划入皮肤表层，他也就逐渐习惯了。

虽然是见怪不怪了，偶尔，立文想起这件事还是有点担心。然而，担心又有什么用呢？如果去告诉妈妈，她又要大惊小怪地让他去看医生了。

立文最痛恨总是婆婆妈妈的母亲了。小时候总有理由不准他出门，不准他在只是有点感冒的状况下去上学，不准远足，不准和同学打篮球。甚至，不准立文一个人睡觉，只因为他会做噩梦。一直到小学六年级，爸爸和妈妈大吵一架后，半夜从自己房间醒来的他发现父母的房门反锁了，他才开始练习习惯一个人和自己的噩梦共眠。

刚刚又发生了同样的事。

班上的同学陈董打电话来，邀他一起去一个物理家教班旁听，看看这位名师是否名副其实。

想要补习物理是很久以前就和父母讲好的事了，立文吃晚饭时不经意地讲了出来。可是妈妈又习惯性地喃喃几句，提醒他说不要随便找老师呀，马上就高考了，又问起陈董的功课如何，家里是做什么的。

立文忍不住说了一声："只是去看看，担心什么。"当然，后果可想而知，爸爸又开始借题发挥了，态度呀，礼貌呀，谁知道你真的是去补习还是跑出去玩呀……

立文常常想,妈妈是不是脑袋里少一根筋。

当她开始唠叨时,立文的脸色早就沉下去了,而她依然唠叨个不停。立文立刻不客气地回答"哦",或大声说"知道了",她却还是一样。妈妈永远都没有感觉,像最新机型的机器人,装有重复播送录音的那种机器人,一直要唠叨到立文发火。

其实,妈妈也不是故意惹立文发火。立文想起语文课本上提过的"项庄舞剑,意在沛公":如果妈妈是项庄,每一次对着他"舞剑"、发脾气,恐怕不是真要惹他发火,而是盼望他终于受不了开始抓狂时,原本什么事都没有,安坐一旁好似刘沛公的爸爸便起身和他发生冲突,于是三个人吵作一团。这样,爸爸又开始理妈妈了。每次,爸爸难得在家里吃饭,妈妈就会故意找立文的碴。

一家三口都在演戏。妈妈拼命演出认真负责的模样,唯恐爸爸责备她没有尽到本分;但同时又要让爸爸有机会发挥一下,让他知道这个家还是需要他的权威,一切事情才能维持秩序。而爸爸总是要演出为家庭拼命赚钱的认真模样,好像不加班就维持不了家计,就会对不起立文母子。而立文呢,立文演什么角色?

平常在学校,同学都以为立文是一个快乐的家伙,每天有说不完的笑话,是个大家又喜欢又有点看不起的小丑。后来,立文参加了学校辅导室办的成长团体,并出演辅导老师写的心理剧。参加成长团体也是莫名其妙加入的,只因为有一天去医务室要找碘酒清理一下左手手腕的伤口,就被叫去参加了。

那一天轮到立文演主角，提供心理剧的脚本，他站上台后反而有点扭扭捏捏了。好不容易描述了一下父母的模样，老师又要他演出三个人一起吃晚饭的状态，一不小心就让家里的事全曝光了：唠唠叨叨的妈妈、闷不作声的爸爸。而老师一直问：那立文呢，立文扮演什么角色？

其实，立文自己困惑极了。明明是父母唯一的孩子，父母一天到晚都一副对他充满期待和关怀的样子，而亲戚朋友也都说立文是独生子，真是太幸福了，可是他却总觉得整个人随时都可能会窒息。

立文经常做一个梦，梦见自己在美丽的蔚蓝海边游泳，整个人漂浮着，轻松、舒服极了。忽然，双脚被拉住了，全身往下沉，而且很快就变得浮肿，身体全被黝黑的海草缠住了，感觉胸闷到没法喘气。奇怪的是，他居然也不惊慌，只是静静地维持着一种完全被动的姿态，整个人躺着，刚好可以看到也陷在海草里的父母冷冷地看着他的眼神。

这是只有立文知道的梦，他并没告诉辅导老师。为什么在梦里不会害怕，平常想起来反而一身冷汗呢？立文给了自己一个解释，那个困在海草里的一定不是自己，顶多是变身，就像漫画里面常有的情节，每个人有变身一号、变身二号、变身三号……

虽然有许多变身做伴，虽然也知道自己扮演什么角色，可是，每次遇到这种吃饭、唠叨、发脾气、吵闹的家庭故事，立文还是忍不住又摔掉碗筷，大力踩过碎片，夹着头盔就出门了。

爸爸追出来继续骂:"才说你一句就给我用力摔门了,当我是你爸爸吗……"

立文知道,不赶快离开现场,任何的一举一动都要成为爸爸骂人的借口了。变身一号说,和他打一架吧,太无理取闹了。变身二号说,算了,还要靠他吃饭呢,连摩托车也是他开条件才出的钱。变身三号说,天呀,你怎么这么窝囊。变身四号说……

摩托车呼啸着穿过复兴南路,斜入信义路交口。立文觉得畅快极了,自己只有在贴近死亡的城门下,在这种随时可以没命的既恐惧又勇敢的矛盾刺激下,全身终于发冷起鸡皮疙瘩,才可以忘掉一切不愉快。

多么舒服呀,没有了一切感觉的感觉。立文想着,右手不自觉地将油门再一次地拧了又拧,身下的轮子就要飞起来了,像哪吒踩着他的风火轮,马上就可以离开爸爸,和他手上铁铸的冷冰冰的玲珑塔了。

沉默的呐喊

等待着漫长沉默的结束,我望着李显失神的双眼,他眼皮迅速一眨,茫然的眼神更涣散了。我该开口吗?却说不出心里感受到的恐惧,极其戒慎,唯恐搅动他茫然深处的怒与恨。

刚才一走进诊疗室,急切而焦虑的父母便忍不住叽叽喳喳,像演双簧般说起李显做的种种混账事和他们的无奈。我好几次试图阻止,从婉转的手势,然后两眼直直瞪视,到最后不得不直接开口要求,他们才讪讪地挪动椅子,身子稍稍往后保持暂时的安静。

沉默。

我对李显说:"你的父母刚刚讲了好多关于你们的事,你觉得呢?"

沉默,继续沉默。

我的双眼注视着他的双眼,尽可能轻松而继续温柔地坚持着,我对他充满更多的好奇和关心的情感。终于,他嗫嚅地说了两三个听不清楚的字。

"能不能再讲一遍？"我轻声问。

他回过神来，瞳孔里原先茫然失焦的眼神忽然一变，狠狠瞪了我一眼："恨死他们了。"

又沉默了，只是周围的情绪被搅动了。

坐在一旁的爸爸开始变得焦躁，在椅子上轻轻扭动着身体。而妈妈眼看就要流出泪来了。一对中年夫妇，一身的穿着看起来品位十足，应该有不错的教育背景和工作。只是，剪裁高雅的时髦服装，一下之间，被自己儿子的一句话，当着外人面前大声喊出的恨，给蹂躏了。

言语暂时消失，不安的情绪却在小小的空间里迅速碰撞。我等待着不安的结束，因为只有心情平静到某一程度而轻轻启口的交谈，才可能终结这一切的焦虑。

"恨什么呢，要不要说说看？"终究还是按捺不住，我先开口打破了沉默。

李显缓缓地回过头来，身体十分缓慢地移动了一下，仿佛躯体内的生命全给毁了。于是，又持续了很久的沉默，他才说了一声："其实，真希望永远都不要看见他们。"语气平静了，反而更可以感觉到愤怒的庞大。

也许是相当严重的抑郁吧，他的话语贫乏而显得片段零碎。我试着倾听他内在的声音，同时注意着他的一切举止言谈和神情。

他喃喃地说着去年重考的事。父母坚持要他去某一补习班报名，和所有的同学都分开了。他觉得，一切状况糟透了，老师奇差无比,他坐在那里不论怎样调整姿势都觉得不舒服,甚至新班级的同学也只是彼此排斥和竞争。他陷在一个让自己窒息的空间,开始沉默、发呆,参考书上一页页的试题变成一片空白。

妈妈急急插了嘴,嚷着说那个补习班是台北公认最好的,补习费最贵,离她上班的地方又近,就是怕他来回奔波太累,还特意托人才报上名的。她说,她问过很多亲朋的孩子,同样上过这个补习班的,没人跟他有一样的感觉。

我猜想,认知差距这么大,恐怕是上补习班以前的他,就已经开始对一切陌生的人和空间都充满了不安的感觉了。只是,这是他内在向来的不安的投射,还是新近产生的恐惧?于是我再往前推问。

原来,读初三前,李显一直是全校的佼佼者。虽然有些内向,不擅交际,却是学校成绩榜上的风云人物。每次老师发考卷,总忍不住说:幸亏我们班上还有李显有希望考上重点高中,否则老师的脸都丢光了。

李显因此开始担忧:真的能考上重点高中吗?

最先,他只是假装不经意地问老师:真的吗?后来,几乎一有自习课,就先去问一声,像一连串复杂动作的开启仪式。

就在这样紧张兮兮的问答之间,他果真如老师和父母担心的那样,考上了一个极其普通的市立高中。

李显是家里的独生子,是唯一的宝贝,读初中前,他也表现得像一位罕见的优秀的儿子——听话、乖巧、成绩好。他从来不用父母担心，因为父母还没开口，他就已经明了一切命令，并且也按着规矩做到了。他就像一台完美的机器，没有脾气，没有差错。

妈妈记起了一件事，大约是李显读小学三年级时，夫妻二人还正处于冲刺事业的阶段，总是分工清楚地各行其是。某一天早上，两个人各自着急去上班，便将门反锁上了。直到晚上妈妈先下班回来，打开门，再打开灯，才吓一跳地注意到儿子坐在客厅的中央，一动也不动。原来，由于夫妻两人的疏忽，忘了该轮到谁送儿子上学。

妈妈说，她那时瞬间就猜到了事情的来龙去脉，却惊恐地发觉自己的儿子居然可以发呆一整天，没有哭泣，没有求救，也没有恐惧。

也许，发呆是最好的自我保护吧。停止思考，也停止了各种感官刺激应有的反应，让自己学会麻痹自己，一切伤害也就自动消失了。

就像李显考上自己不满意的高中以后，整个暑假总是一个人陷在一种让人恐惧的发呆状态，然后，以比平常更慢条斯理的速度过着生活，也以同样的情形开始到补习班上课、学习和考试。

李显在补习班成绩不差，但也好不到哪里去。都是知名大学毕业的父母，忍不住要着急了，担心同事们如果在办公室闲聊时，会问起自己孩子读什么学校，也更担心儿子万一再这样继续下去，高考必然考砸，更不知如何回答亲友好奇的探问。

爸爸更是着急，很多绝望的字眼成为他的口头禅。他苦口婆心，他要求，他利诱然后威胁，最后以自以为是的激将法，不断地给儿子施压。

"天哪，你是不是李家的孩子？""我们家里哪里有这么笨的高中生！""不错，考这么低分，下次就不会退步了。""想好了吗？这辈子可就要做乞丐讨钱维生了。"

李显的青春期在挫折和羞辱中继续慢步向前，个头继续长高，只是，除了白皙的面庞上多了几根青嫩的胡须，这安静的心灵表层丝毫看不出其实掩饰着日益加速的激烈变化。

第一次出事是他脱离了补习班。他的父母忘了当天是先发生什么事，可是他却清楚地记得，就在他出门去上课的那一刻，在客厅看早报的父亲忽然冒出一句："到补习班去，多少听一点吧，不要让人以为你是一头猪。"

这样的话爸爸也许经常讲，也因此太容易就忘记了。可是李显却清楚地记住了。

"是的，我可以不变成猪，我变成一匹狼总可以吧。"

那一天早上，他站在补习班门口徘徊，始终没跨进教室。最后，终于看见班上那几位公认的问题学生来了。过去，这群人是内向的李显最害怕的，唯恐又被他们难堪地揶揄了。他们也没打算去上课。

但这一次李显主动走过去了，并以听得出颤抖的声音说："你们……你们要去哪里？我可以……可以跟你们一道去玩吗？"

他太紧张，就变得更结巴，整个人都要打起摆子了。那群人不知所措地瞪着他，不到一秒钟，开始有人大笑，整群人都跟着笑作一团了。

"这个白痴！"他听到了。

他一个人跑了，整个人因吓坏失了神，既紧张又畏缩，直到许久以后回过神，才发现自己在巷弄间胡乱闲逛。这是他第一次逃课，心里十分恐惧，也对这天发生的一切感觉无比的沮丧。于是，一整个白天就在自己丧失全部记忆的情况下，结束了闲荡。

回过神来时，他已经坐在自己的房间里，手边有半打罐装啤酒，门反锁着。天色暗下来，门外传来妈妈回来的声音，然后是爸爸回来的声音。他们敲了门，问他在家吗？要不要吃饭？

李显没回答。

这一晚过得很慢，李显开始喝起这辈子的第一瓶酒。他一直想在便利商店买啤酒之类的，庆祝自己的十八岁生日。可是，一直都是犹豫。现在没有人陪他，父母不理他，连那些坏同学也不理他，只好自己陪着自己了。

后来的事，李显全因酒醉忘了。

妈妈说是清晨两点多，早已上床睡觉的时刻，李显忽然大声敲门。他们以为发生什么事了，急急打开门，然后就看见喝醉酒的李显，此时的他就像变了一个人。

李显以极其可怕的声音咆哮着，含糊的口吻却有着清楚的意图，一直面对着爸爸，似乎在痛骂着许多事情。爸爸气愤万分，便对骂回去。

可是爸爸忘了儿子的个子已经比他高大了。没多久，他就被儿子狠狠地揍倒在地，整个人缩在墙角。

后来，李显也不去补习班了，总是在半夜喝醉，又使用同样的暴力，然后第二天全忘记了，还嚷嚷着要在家努力冲刺高考。

他的父母开始噩梦连连，最后终于来到了精神科门诊。爸爸有些尴尬，妈妈则是激动，好不容易才忍住泪。

李显只是回答了一声：恨死他们了。

诊疗室里，整个世界陷入一片无限沉静的死寂。

面具

"医生,你有没有听过这个笑话。有一个人急急忙忙去上学,结果忘了带书包,于是告诉老师:'报告老师,我在路上遇到劫匪了!'而老师说:'那么你怎么没有变成警察呢?'。"才稍稍喘口气,他立刻又接着说:"还有一个笑话,是同学昨天才说的,是隔壁班的真人真事,就是陈淑芳和她男朋友出去时遇到了教官……"

一遇到方伟,他就对着我不顾一切地卖弄所有近乎疯傻的本领。永远都是一个接一个笑话,手脚跟着飞舞起来,随时眨眨眼或龇牙咧嘴,没多久又站起来东翻翻病历、西摸摸我桌上的听诊器。

他是在姨妈的陪同下,来到精神科门诊的。

姨妈耐着性子,放松地坐着。方伟随时一个转身,对着她说:"咦!今天姨妈很年轻,很像用了SK-II,对不对医生?"

方伟从来没有停止过说话。他说的话像是一篇忘了加逗号的作文,可以不必停顿呼吸;他的身体中像是处处埋着弹簧,总是在某个关节处,忽然弹跳出一个动作。

"喂医生，你今天怎么不讲话？是不是换了漂亮的工作服就可以耍帅了？"终于更大胆了，甚至对我说："噢，我知道了，医生也擦了SK-II才故意不讲话，怕皱纹跑出来了。"说完，他伸手就直接往我的脸颊摸了过来。

我还是微笑着不动。

我想，这时他在缓解焦虑吧。第一次走进诊疗室，一个全然陌生的地方，所有的紧张和压力全部袭来。只是，这么容易就被挑动的焦虑，长久紧绷的自律神经一旦动员了，又将在什么样的情况下才会停止呢？

"这个医生不错哦，姨妈可以考虑改嫁给他……"

他对我终于产生了兴趣，我赶紧抓住这一点，貌若沉稳地问："哦，这么说，这个医生不错？"

我当然知道，像他这般好动的初三学生其实是罕见的。许多好动的孩子随着年龄的增长，大约到小学五六年级，中枢神经发育得更成熟了，就可以定下身心开始融入同侪之间。有些神经系统仍不够成熟的，也会发展出自己的应对办法，懂得在某一范围内掌控自我。小学中低年级的老师们现在都知道这一点，也就不会对这一群天生好动的孩子做出守规矩的要求了。

方伟却不同，已经是个子高大的初三学生了。每一次笑闹起来，最先是让人觉得好玩，然后是把人烦透了，最后就是惹得人发脾气大骂："乖乖坐好，初三了还不懂规矩。"风度好一点的，可能会板下脸孔，说："长大了，该懂事了。"

然而，我只是沉默地笑笑。他夸张地讲故事和做表情，我笑笑；他更焦虑地加快讲笑话的速度，我笑笑；他忍不住来摸摸我的工作服、我的脸颊，我还是笑笑。

坐在一旁的姨妈，有好几次都要骂方伟了。虽然没有开口就被我的手势制止，我大概也可以知道她是要说他不像话、不守规矩或不懂事之类的话。然而，这些指责恐怕是有上千次了，今天的方伟依然我行我素，恐怕不是在门诊时再骂一次，问题就可以解决的。

"怎么说呢，难得听到有人夸赞我，就多说一些让我虚荣一下吧。"

于是，他立刻继续耍宝。

我尽量沉默着，仔细聆听他的每一句笑话。平常，这些笑话都像是高级仪器录下来随时播放的表面话，没有掺杂一丝自己的感觉。然而，他平常习惯的那种迟早被骂的结果竟然没发生，这激起了他的好奇心，于是平日躲在小丑面具底下的真正感觉就跑出来了，虽然还是带着笑谑的态度："哎哎，这个医生不错哦……"然而，我一问他怎么个不错法，他又缩回去了，躲到自己最熟悉的面具后面。

过动症的诊断很容易，但治疗是让儿童精神科的医生们颇为难的事。从发展学来说，大部分的孩子到了小学五六年级如果表现正常，就不需要太担心。然而，怕的就是这样的过动很快就被视为不合群、不乖或不听话，于是被贴上标签，被当作坏孩子，从此要生活在一个被同侪排挤的环境中,于是,他们更加使坏或耍宝,或者退缩了。这方面有太多典型的案例了。

方伟的情形更复杂。

根据他姨妈的说法,方伟的爸爸脾气实在是暴躁极了。方伟生下来没多久,爸爸就开始受不了孩子整天哭闹不停,于是不断地责骂妈妈不会带孩子,最后还逼她辞职,留在家里全心照顾孩子。然而方伟的情形,据说还是没改善,爸爸还是继续生气、烦恼。当然,后来这对夫妻还是离婚了,孩子也就在两边的家庭轮流住。

最先两边家族还抢着照顾,后来不知为什么,也许是方伟不自觉地挑衅,赶跑了那些亲戚,最后仅剩陪他来门诊的姨妈了。

通过这样的了解,再加上姨妈简单的说明,大概就可以知道方伟的问题所在了。

最先是天生好动,后来处处受排斥,和平常的孩子一样也想要交朋友的他,也就自然学会了以装疯卖傻的方式来博取友情。这是最表面的人际关系。

既然所有的活动是惹人怒骂或嘲笑的,也就不可能有所谓的自信了。姨妈最大的担心就是方伟的功课,喜欢的科目好得不得了,语文却是经常文字不通且错别字一堆。尤其是考试当天,凭他平时的数理成绩一定能考好的。可他就是嬉皮笑脸的,到了中午才打电话问同学是哪一天要考试。

这样的糊涂行为将自己的前途都丢了,还嘻嘻哈哈的,当然又惹得爸爸一顿痛骂。然而，恐怕在方伟更深的意识里，小丑的面具底下还是有一颗在乎数学成绩的心。偏偏，他实在是太没信心了。一到考试，小丑面具虽然可以掩饰他的紧张，终究还是没法阻止他害怕失败的得失心。于是，有意无意间，他居然忘了考试这件事。

也许，方伟内心最深处还有一种罪恶感吧。

从小到大，每一次爸爸看他不顺眼，立刻就提到妈妈的事："都是你太不乖，妈妈才要离婚的。"当然，急性子的爸爸以为这是立意良好的激将法，想叫他"乖"一点。可是，这样的说法，却也间接地宣判了他要为还没有记忆以前，所犯下的永不可饶恕的罪名自责。既然连他都搞不清楚自己做错了什么，这个过错也就更不可挽回了。于是，一辈子的原罪，在他记得任何事之前就存在的原罪，使得他选择了堕落、自我放弃的生活，让自己永远活在自我处罚的自我放逐中。

爱，会让他害怕，只好立刻砸碎它；关心，令他感觉自责，只好继续表现出无可救药的模样，让关心他的人终于伤心离去。

我坐在诊疗室里，翻了翻上周完成的心理测验，其中的智商测验，语文和操作两项，一项135分，另一项甚至达到了141分，很难得遇到的高智商孩子。

我只是保持沉默、微笑和倾听。等他所有的手法都用尽，偶然出现一点真实的感觉才稍稍回应——虽然，小丑面具下的敏锐心灵，轻轻一探就又立即缩了回去，但我继续等待，等到有那么一天，方伟开始发觉别人对他的嘲笑、愤怒、抛弃、责备，这一切痛苦并非是绝对不可避免的，他还可以安全地来面对这一切，那时，我才会开口，开始说说他给我的感觉。我不会谈自己对他的期待，只是想让他感觉到：他的每一句话都是值得被倾听的。

也许有那么一天，方伟终于会开口问他妈妈的事："为什么只有姨妈陪着来，没有妈妈？"这表示方伟敢要求妈妈，不想再背负沉重的原罪，甚至知道这根本不是他的错。那么，我会知道，方伟拥有快乐的能力，可以独自前行，也是漫长的心理治疗可以结束的时候了。

然而，路还很遥远，我拒绝以所谓的进度表来处理我们之间的会谈。在诊疗室里，两个人坐着，其中一位继续开着玩笑，只是语速慢了一点，偶尔加了几个标点符号；另一位问话的次数似乎也稍稍增加了一点。除此之外，一切似乎都没有变。

只有等待。

有时，沉默的等待，是最好的心理交谈。

怨愤少年

之一

少年的怨愤不是全然没道理的。

电视台安排了一系列关于青少年的影视剧,第一部播的是《怨愤少年》,故事虽然发生在法国,却让人觉得如此熟悉。在电影的叙述里,导演和编剧安排了一个几乎无可挑剔的爱心家庭,有一对典型的富有人道关怀的知识分子夫妻,还有一个渴望有个哥哥的天真的孩子。他们来到了孤儿院,看到舞台上正在表演的男孩,由此展开了这一切因领养的善心所慢慢酝酿成型的悲剧。

男孩最后舍弃了这些爱心,承受了又一次的被抛弃,相当于潜意识最深处的原始脚本又一次重现了。不幸的结局于是发生了。

所谓的不幸,往往不是个人的心意所能左右的。传统的童话里,坏人总是有着坏心的,才成为迫害孩子或好人的角色。然而,现实中的不幸却往往找不到一个足以怪罪的坏人。

镜头逐步展开,开始引导我们去思考:为什么一群都还算不错的好人在一起生活,悲剧依然不可避免地发生了?

在《怨愤少年》这部影片里，长期失依的小男孩，在其他孤儿的羡慕之下，被一个条件相当优越的家庭领养。悲剧正如镜头所预言的，一切都来自日常生活的角色扮演问题。

知识分子夫妻对男孩的第一印象，来自男孩在舞台上的表演。所谓的表演，不只是演员根据角色和剧本完成演出，还包括观众在观赏过程中的期待。

期待的眼神就是一种欲望，将自己的价值观忍不住投射在对方身上的需求。

在成长的过程中，一旦自我的概念形成了，孩子们就会努力扮演父母亲期待的角色。依据自体心理学创始人海因茨·科胡特的说法，这是每个人的强大身体，必然要在他人肯定的凝视中，才得以维持和成长。

在一般的家庭里，也许有许多故事发生在自我还没形成以前或形成过程中的，然而，一旦这个阶段完成，要生存和成长的孩子，必然也开始懂得如何去迎合这一切期待的眼神了。

怨愤少年却是不同的。他一直在寻找，一直在追求最早以前失去的亲生母亲。尽管她吸毒，永远处在混乱状态，甚至以死亡的方式抛弃他，记忆里最早的依恋关系，也就是他的自我形成过程的原始印象，依然是他想要重新寻回的。

因为这追寻的力量太强大了，以至偶尔想迎合养父母的企图就显得微弱多了，分离的悲剧也在一开始就注定了。

没有人是坏人。只因为每个好人都用他的善良来要求彼此，迟来的少年反而从来没有机会去了解这些要求，包括对这世界做初步的勾勒。于是，当他依据自己潜意识的脚本诚实演出时，社会公认的"自甘堕落"的孩子就出现了。

荧幕的彼端，影片中低头前行的孩子忽然一回首，眼神里没有太多的悲伤，更谈不上愤怒，只让人感觉到无限的沉重。

之二

临床心理学的很多教科书里在谈及在孤儿院的土壤里成长的孩子的人格和适应问题等时，所根据的文献大部分是在第二次世界大战期间发表的。也许，在那样的时代，爱国还是一种被赞赏的激情，体恤遗孤成为媒体争先恐后的主题，孤儿院里的孩子也就一度获得了重生与被关注的机会。

第二次世界大战后留下数目庞大的孤儿，成了英国政府当时面临的难题：即使提供了衣食和住宿，孩子们似乎仍少了些什么。一群儿童心理学者开始参与抚育的过程，也影响了他们自己日后的理论的发展。譬如唐纳德·温尼科特提出"没有所谓单独存在的孩子"或"偏差行为是希望的征兆"等观念，或是约翰·鲍尔比的"依恋和分离"理论，都是他们长期指导孤儿院工作人员而累积出来的心得。简单地说，没有这些孤儿惨痛的成长经历，即使是儿童心理学或精神医学的专家，也不敢确定在我们平凡的成长过程当中，竟然已经蕴藏了许多深刻影响我们的平常事物。然而，孤儿们以一辈子得不到的匮乏状态，来证明一般孩子的拥有。

这些理论，几乎是所有儿童发展、精神医学或心理学的教科书，因为经常书写而成为例行章节了，甚至是人人能熟背的。然而，一切又极其遥远，仿佛不可能发生在我们身边。

我抓着遥控器，将一切荧幕粒子完美消除，想起了自己曾经经历过的激烈的生命体验。

之三

结束住院医生的培训以后，我一度到花莲工作。这样的小城镇，病人的数目没法满足自己的工作欲望，也就主动参加了地方社会团体的工作。也因为如此，教科书上描述的情形，忽然全涌现在眼前。我开始领悟：原来在门诊看到的那些儿童或青少年，不管他们的亲子关系多恶劣，不管家庭质量多么差，毕竟还是"有"这样的基本功能的存在，能够让大人带着他们到门诊来。至于那些从出生就游荡在村落和管教或领养机构之间的孩子，即使医院人员再友善、临床经验再高超，他们也从来不会踏入我们的门诊大门。

在诊断手册里，属于儿童部分的章节，我发现了许多以往不曾用过的描述和诊断。

凤林镇的一位小学老师打电话来，谈起她在班级窗口发现的孩子。不是学校的学生，而是偷偷贴近窗户听课的小男生。她说，上课时偷偷瞄一眼，他就惊慌失措地溜走了。那一身全然没有梳洗的污垢，让人留下深刻的印象。

年轻的老师觉得男孩对这个教室的气氛、对一群同年纪的孩子,甚至对上课学习这件事是充满兴趣的。同时,一个疑问浮上心头:是谁家的孩子?在教育普及的年代,怎么会有适龄、失学但又好学的孩子?

这位老师打电话来,原来是她跟踪了这个男孩,发现了男孩的居住处。一个流动工地旁不经意建筑成的木板小屋里,住着一位看不出年龄的妈妈,而男孩就躲在里头。

老师说,她根据附近居民平日的观察,猜想这位母亲是精神病患或智力障碍者,才会出现这样一个不曾记录在户籍上,甚至也不曾和一般人来往的男孩。

老师电话里问起了帮助这位母亲的可能的方式,顺便问起了那个男孩。我忽然想到法国导演弗朗索瓦·特吕弗早年拍的一部电影,根据真实案例拍的《野孩子》。一位被遗弃在森林且在森林里长大的孩子,如何从野兽父母的怀里,被迫接受训练学习"人"的举止和规矩,却也在开始有点"人模人样"时,憔悴地死去了。

摧残他至死的,也许是社会上太多复杂的规范,也许是无法取代森林的高楼大厦,也许是那位"教育"他的理想主义医生,也许,也许是失去了父母的依恋关系。

即使是野兽父母,那种发自内心的爱和关心,也是一个人活在这个世界上,依然可以拥有归属感、安全感的基本存活条件。

在学校窗口睁大黝黑眼睛探望的男孩,虽然只有简陋的木屋和患病的母亲，但那足以提供给他一个允许安全成长的依恋关系了。就像20世纪90年代的好莱坞电影《大地的女儿》，尽管精神分裂兼失语症的母亲是唯一的照顾者，妮尔还是以一种特殊的方式长大了。

在孤儿院成长的孩子，他们的创伤源自失落。任何幸福美满的家庭，任何温馨丰饶的依恋，一旦有了裂痕，便很可能导致永远的失落；又或者在不停更换的保姆之中，面临随时可能失去的关爱，就会出现这种孤儿院症候群。他们变得对一切采取无所谓的态度，对任何可能的爱都因为害怕再次被抛弃而嗤之以鼻。甚至，永远只追求一种自己可以牢牢掌握的依恋关系，一种足以让人窒息的爱。

于是，又有了另一部电影，以一位澳大利亚音乐家的真人真事改编的故事《钢琴师》。那一位紧紧拥抱着每一位儿女的父亲，他那一种让人窒息，甚至让人觉得受虐的爱，不就是因为当年他只身逃离德国纳粹大屠杀而幸存所伴随而生的不安全感？

如今，真正的孤儿院似乎少了，但是，随着家庭成本的提高，家庭功能不得不缩小，孩子的成长使得原本就缺乏时间的父母不得不以高效率来应付。于是各种或严重或轻微的"孤儿"现象，正出现在每个家庭之中。

少年的怨愤，不是想象中的不寻常。

虎父如何教出虎子

在诊疗室里,我向一位做高级管理者的爸爸解释他儿子的"注意力缺失症":因为大脑生理结构的问题,注意力无法持续,脑海里的念头跳来跳去,也就不容易专心。这位白手起家的爸爸,毫不思考就回答说:"可是,我也是从小就这样,为什么成绩还不错?"

这位在台湾西部滨海乡镇长大的爸爸,虽然每天在盐田或防风林中玩耍,但凭着他杰出的天赋,在乡下的小学、初中一直毫不费力地就名列前茅。到了台中一中,虽然曾一度乱了手脚,可是凭他过去"永远第一名"的自信心,加上自身的努力,成绩一直是全校三四名,并考上第一志愿。就这样,这一股强大的自信,使他成了商场上的枭雄。

终年在贫瘠农田耕作的父母,从来没想到会有这般杰出的儿子,并成为一位成功的高级管理者。

这位爸爸的成就来自在贫瘠土地上的锻炼。然而,这一份因为贫瘠土地带来的恩赐,却不可能再一次出现在他儿子的身上了。

杰出的爸爸给孩子创造了优越的环境,让他在台北知名的私立中小学就读。虽然他也遗传到爸爸杰出的基因,拥有很高的智商,可是,在这些名校里,四周也不乏教授、博士或大老板的后代,这样的资质放在这样的班级也就不明显了。他的聪明不会被老师看到和重视,倒是他的好动、爱讲话经常被老师公开批评。

爸爸生长在四周充满期待和崇拜的环境里,儿子却成长在不断被斥责和失望的眼光下。同样的资质,却发展出完全不同的自信心。

我问这位爸爸:"也许你表面上没有注意力不集中的问题,但身为公司的领导者,你的管理风格是怎么样的?"他立刻得意地说:"我可以一心多用,同时指挥四组到六组的工作,永远不会弄混。"

他一回答,似乎就说明了儿子的问题。同样的大脑结构造成的容易分心,在有自信心的他身上是可以"一心多用",可是到了没自信心的儿子身上却是"注意力缺失症"。这中间的差别,只是因为自信心的不同;而自信心的不同,只是由于两人的爸爸不同。

爸爸的爸爸是略识文字的农夫,只要稍稍努力一下就可以被超越;儿子的爸爸则是台大毕业的高才生,业内人尽皆知的杰出的专业管理人才,是再努力也不容易超越的天花板。

究竟,我们的爸爸和妈妈可以在多大程度上影响我们的未来呢?每次在咨询工作中看见这样的个案(可能是中学生,父母正为他漫不经心的学习态度烦恼;可能是准备接班的富二代,正和上一代闹得不愉快),我就庆幸自己有一位不太伟大的爸爸:普通师范院校毕业,且曾因创业失败而破产。

父母的成就是孩子成长中物质条件的保证。但是,在心理上,父母的成就对孩子而言,却是自信心终于破壳而出,开始可以往上累积的最低要求。

"望子成龙,望女成凤"的想法,虽然随着孩子的长大,父母很快就修正了,可是,从很小的时候,当孩子开始社会化时,甚至更早以前,同样的观念就内化成为孩子对自己的基本要求。

一位考上台大电机系的学生,如果他的爸爸也是台大电机系毕业的,这位儿子只会认为这是他应该做得到的事。可是,如果他的爸爸只是乡下一所学校的小小教员,儿子可能因为过去一直杰出的成就,早已经意气风发,对未来充满希望了。

虎父教出虎子,这句话似乎要修正了。

如果从成就和自信心的关系来看,应该是"鼠父虎子"或"虎父鼠子"才对。但是,我们看看四周,似乎又不是绝对如此。

虎父究竟要怎样才能训练出虎子呢?

让我们再回到这位被认为是"注意力缺失症"或"过动症患者"的儿子吧。不只是他爸爸,也包括他妈妈、家族的其他长辈和学校老师们,都是将焦点放在学习成绩上。在我们的社会里,虽然大部分的人会说对孩子要进行"多元化教育",但都没自我察觉在重视所谓的"多元"时,并没有挣脱各种计算出来的成绩所带来的巨大阴影。

也许父母会送孩子去学小提琴、钢琴或参加篮球夏令营,但是，一旦学习成绩不理想，立刻就会有"书都读不好了，还安排那么多活动干什么"的反应。

虎父虎母如果无法挣脱学习成绩的阴影，无法欣赏子女从小就具备的各种奇奇怪怪的能力，那么虎子可能就要变成鼠子了。如果父母可以让他们尝试，开始"看见"子女身上那些自己不曾想象过的特长，也许是很会认路，也许是砍价的高手，也许只是爱看着星星沉思，孩子也会因此觉得自己是一个很棒的人。如果这样，在大部分的情况下，虎父是可以教出虎子的——虽然是驰骋在不同的生态环境里。

亲爱的虎父虎母们，真的希望你的子女成龙成凤吗？至少你要做到下列几点：

一、不要做让孩子受挫的父母。

二、不要将孩子留在只有受挫感的环境里。

三、让他们的环境充满"适当的挑战"——虽然有点难但终究可以克服的挑战。

四、如果他们挑战失败了，你可以夸赞他们的努力；如果成功了，你也要跟他一样狂喜万分。

这些建议只是再一次提醒各位父母：一方面，不要因为担心孩子原本就会出现的问题，而剥夺了孩子成长的机会，剥夺孩子与社会接触的机会；另一方面，也不要太轻视自己的职责，将孩子直接丢到现实生活中。如此而已。说起来不太难，但在执行上的确是不容易拿捏的。

快压垮了我们的家

一场台风于深夜过境，到了清晨，风雨转弱，一切似乎都要过去了，忽然听见一阵奇怪的深沉的声音，而且，不停地靠近，如同千军万马齐奔，还来不及反应，就发现自己的家已经被压成瓦砾了。这是 1997 年夏天，在台北汐止发生的事。

不过，快被压垮的，不只是钢筋水泥。

翠华姐姐回到家里时，整个屋子还是暗暗的。才读初中一年级的她，迅速烧开水，同时也开始洗米做饭。她的手脚利落极了，稍高的灶台一点也难不倒身高稍矮的她。只是，让她挂心的是，在附近小学读书的梅芳妹妹，按理说妹妹两个钟头前就应该回来了，却到现在还没有看到人。

翠华的担心没有维持多久，妹妹就自己拿着钥匙开门进来了。妹妹没说什么，只是说到隔壁同学家看电视。姐姐正要训斥毫不在意的妹妹，责备她的迟归让人担心时，妈妈也跟着回来了。

今天妈妈的脸色不太好看。虽然没有生气，但是拉着脸的模样让人以为是在生闷气。翠华习惯地退到一旁,整个人安静下来。看妈妈匆忙做菜的模样,她觉得好像是在变魔术,利落又精彩。

没多久,一切都准备好了。翠华摆好碗筷,同时吆喝赖着看电视的妹妹。三个人很有默契地开动了,谁也没提到爸爸。不知不觉,姐姐说起了妹妹今天晚归的事,妈妈便开始责备起来:"难道你们没注意到吗,最近报纸上常常报道坏人伤害小孩子的事?难道不怕报纸上讲的那些坏人跑到我们家附近?难道功课不重要,又要拖到三更半夜?"妹妹起先只是闷闷地吃饭,最后就嘟起嘴,甚至索性放下了碗筷。可是,上班累了一整天的妈妈好像石门水库,一旦开始泄洪,所有的烦闷和唠叨都抵挡不住地一泻千里。最后,只见妹妹泪汪汪地站起来边收拾碗筷边说:"学校的老师说,现在有法律规定,不准父母将孩子单独留在家里。"

妹妹只是小声地说了一下,妈妈整个人就抓狂了。她边哭边骂,说自己上班多么辛苦,要不是为了房屋贷款,为了全家生活的支出,也不会到现在才回来。翠华姐姐吓坏了,但她还是鼓起勇气去牵妈妈的手,想拉一拉妈妈。可是妈妈继续说着,如果我们经济能力好,就可以买一套市区的房子,妈妈就可以下班立刻回家,也不用挤一个多小时的公交车,又累又慢。还说,你们的祖父母一直要我们再生一个弟弟,可是谁养得起?当初,如果你们有一个是男孩就好了。

姐姐用全身的力气去拉妈妈,要她休息,要她不要再说了。

后来，她觉得好像做任何努力都无济于事，妹妹躲进房间了，她也只好跟妈妈说一声要做功课，跟着进房去了。独自一人在客厅的妈妈，慢慢安静下来，没多久姐姐就听见了洗碗筷的声音。不久，好像是爸爸回来了。姐姐趴在书桌上，又听见妈妈的哭诉和爸爸不耐烦的声音，心里很担心，是不是又要吵架了。所有的书根本都看不下去了，只有无尽的焦虑和胡思乱想。

为什么爸爸妈妈都要上班呢？为什么我们没钱买妈妈公司附近的房子呢？为什么自己不是男孩？为什么要让爸爸妈妈操心呢？为什么自己要活着？为什么人要结婚？为什么要生孩子？为什么爸爸永远有加不完的班？为什么……

一千个、一万个为什么，整个晚上浮现在翠华小小的脑袋里，觉得这个家的墙壁随时都会消失，不安全极了。

翠华这样的孩子，大概永远不会了解为什么房租太贵而房屋售价偏高。爸爸和妈妈当年也是在念大学时认识，像电视剧里的才子佳人一样，轰轰烈烈地恋爱，然后结婚。可是，虽然两个人每月的薪水加起来也有两万多元，但既要维持基本的生活支出，又想早一点安家而无后顾之忧，最后也只能买了郊区的房子来分期付款。拥挤不堪的公交车，让两个人每天的上下班成为痛苦的经历。最后，爸爸只好分期付款买了一辆漂亮的小轿车，上班时可以两人一起到市区，但下班就没法一起回来了，而且，买车又增加了家庭的开支。

刚开始，他们把孩子放到祖父母家。没几年，孩子长大了，还是得带回来自己照顾。孩子上下课之外的空当，总存在大人永远来不及赶回家的情况，孩子只好被放到托管班，这又是一笔昂贵的费用。总之，好不容易等到孩子大一点，以为可以省下某项支出了，没想到又出现新的名目，补习费、课外英语班……好像每年再怎么加薪，在仔细计算之下，所有的薪水还是被掏空了。当年刚结婚时的梦想，包括留学进修，每年固定的蜜月旅行，两人可以安静坐下来亲密的时间，等等，都慢慢被遗忘了。甚至开始觉得自己面目狰狞，没有一刻能恢复当年的洒脱，随时处于备战的状态。

昔日美丽的妈妈，不知怎么的，在某一年就失去了所有的光彩，开始不再娴静，只是用无数的唠叨和焦虑过日子。而潇洒的爸爸，虽然在办公室里还是一样的风趣、受欢迎，可就是太喜欢上班了，几乎没有一天不加班。他说，竞争很激烈，现在才毕业的"E世代"（指网络时代的年轻人）可是很机灵的，自己一定不能松懈。可是，一方面又想，只要不断加班，不但可以增加收入，也可以不用回家面对那么多永远解决不完的麻烦事。

翠华忘了那天的功课是怎样写完的，可是她记得自己做了一个梦，关于自己家的梦。天空中好像有一个缓慢下降的沉重压力，整个屋子随即逐渐绷紧直至将要垮掉。梦的下一个场景并没有任何的瓦砾，然而家消失了，四面墙都不见了。在飘浮的空气中，走起路来并不觉得费力，只是一回首，她看到妈妈，又看到另一边独自玩耍的妹妹，还有更遥远地奔跑着离去的爸爸。感觉来来往往的人很多，但是，自己唯一能辨认出来的几个人却仿佛如此陌生。

而妹妹在那晚又梦到了什么？朦朦胧胧的，并不太清楚。好像是很累了，终于回到很小很小的时候，很舒服地被强健的臂弯紧紧抱住，耳朵听着熟悉的歌声。啊，听清楚了，是妈妈哼唱催眠曲，妹妹不愿睁开眼，紧紧闭着，唯恐一睁眼，所有感觉到的舒服和安定就烟消云散了。

唉，快被压垮了，这个家。

街头与家之间

电视新闻当天播出这段画面时,大家都怔住了。提款机上的摄像头,全程记录了整个血腥的画面。因摄像头是鱼眼镜头的,画面的周边有些环状的扭曲,像圆圈一样,仿佛整个地球都充斥着这个残酷镜头了。

两位年轻的女子正在提款,忽然一阵惊慌,陷入无路可逃的包围里。而画面中,隐隐约约地出现了一位少年,不,是两位少年。前面一位手上拿着不知是什么的工具,只是一个劲儿地向前挥舞,用力戳下,仿佛那女子的背部是一个让人泄怒的大枕头。画面虽然是静默的,但可以感觉到那女孩恐慌的惊叫。而他无动于衷,重复着同样激烈的动作,仿佛那只是一段舞蹈,一种姿势,一个与他人全然无关的自我世界。

后来的报道我没详细追踪。有同事说,被逮捕的那位少年,在记者的逼问下,只是轻描淡写地说:"没什么,好玩嘛。""我哥哥不也是这样被杀的。""我累了,不要吵我。"

没有观众们预期中的懊悔,没有记者事先预想到的眼泪,这幕演出失去了动人的惊悚的高潮，也就没有媒体或所谓的权威人士继续讨论、追踪了。仿佛对这位少年而言，杀砍别人就是习惯性地捏死一只蚂蚁罢了。然而，对媒体，以及对我们这些心情和注意力永远随着媒体焦点起伏的观众而言，不也都是在一声惊叹以后，就残酷地忘记了这件事？

如果现在，我们再度想起那两位女子的惊慌，在平日的安逸脚步中忽然遭遇暴袭，承受刀子隔着布衣戳在背脊肌肤上的痛。如果我们再次去感受这种血肉撕裂的痛，如果再次感受这种无助和恐惧，不觉得自己这般轻易地遗忘是很残酷的本性吗？

1983年的诺贝尔文学奖得主，英国小说家威廉·戈尔丁在他的作品《蝇王》里描述了一群困在岛上的孩子。这些孩子和很多孩子一样，都是典型的中产阶级抚养长大的孩子；唯一不同的是，他们不小心被遗忘在孤岛上了。

一群孩子，没有任何大人的管束，也没有任何社会规范，残暴的举动也就变成了嘻嘻哈哈的游戏。于是，完全不同于《鲁滨孙漂流记》的故事出现了，传统浪漫的荒岛生活变成了充满杀戮的战场。

同样情节的描述也出现在三岛由纪夫的《午后曳航》里。在目睹了母亲和他所崇拜的异乡水手发生关系之后，书中这个困惑的孩子和他的朋友们，在山上的荒堡里，冷静地完成了将一只活猫凌迟至死的仪式，然后也用同样的冷静，甚至是喜悦的手法，杀死了那位水手。杀猫和杀人都有着相同的快感，使得他可以完全占有母亲。

精神分析学派创始人弗洛伊德,很早就提出了俄狄浦斯情结。弗洛伊德所强调的是,我们为了保有自己所依恋的一切,而可能做出的各种违逆社会规范的举动。

瑞典知名导演英格玛·伯格曼就曾经在他的自传里,坦诚了自己曾有过想杀人的意图。四岁那一年,妹妹出生了,"我从母亲的床上被驱逐出境,父亲每天对着妹妹不断地微笑"。于是他决定在无人在家的时候,设法杀死妹妹。然而,爬上椅子的伯格曼,在妹妹恐惧的哭声里,一阵慌张就跟跄倒地了。伯格曼的自传继续写道:"今天回忆起这件事情,起先多少还带有一种明确的快乐,可是接着很快地转变为了害怕。"

就像伯格曼一样,人们偶尔还是可以感受到这股深沉的喜悦,只不过很快就因为害怕而彻底否认曾经出现的刹那的喜悦感。

只是,这股害怕是从哪里来的呢?

1997年以后,台北和高雄曾经有过管制青少年午夜自由外出的宵禁政策。这样的政策减少了青少年在外的时间,自然也减少了犯罪的机会,但真能减少内心那一股犯罪的冲动吗?

戈尔丁笔下流落小岛上的孩子们,所有的无法无天是因为失去了社会规范以后,所有的占有欲望得以展露出残酷的面貌。只是,他们的无规范是在彻底失去大人管教的情况下——以为自己一辈子都不可能再回到父母身旁。在绝望和喜悦的矛盾交织之下,新的权力秩序便在混乱中建立起来。

然而，在外游荡的青少年虽然暂时离开了父母，离开了成年人的掌控，并不表示他们就是失落在孤岛上的少年。对大部分人而言，他们很清楚，自己的离开是暂时而不是永远。因此，在这样的心情下，即使拥有嚣张而"酷毙了"的外表，他们的内心还是会感受到伯格曼所说的"害怕"。严重的失控，也就是青少年宵禁政策能够预防的，其实微乎其微。

青少年真正的问题，其实是来自那些在成长过程中，从来没有机会学习害怕的青少年，他们不会被宵禁掌控。毕竟，一个人如果无所畏惧，他还会在乎宵禁吗？

20世纪90年代的一部好莱坞电影《天生杀人狂》，在卖座之余也引发了许多争议。该电影由奥利弗·斯通导演。主人公生下来就注定了一辈子的杀戮，只因为他们从来就没有机会学会害怕。

人类生下来是十分脆弱的，我们没办法像初生的牛羊一样没多久就可以站立、奔跑，也没法像雏鸟一样很快就学会飞翔。我们的成长，全然依靠着基本的生活安全感，包括可以深深依恋的对象，通常是由父母扮演的对象。

只是，像天生杀人狂一样，有太多的孩子早早就失去了这种以爱建构而成的安全基地。他们还来不及因为被爱而学会爱人，来不及有任何的同理心，也就不容易感受到别人的悲欢苦痛。

对他们而言，没有了爱和被爱的机会，却还是要找到存活下来的方式。在他们的眼中，有生命的人和没生命的物，几乎是一样的，因为感觉不到他们或它们的感觉。于是，就像镜头下抢劫他人的少年，只是一个劲儿地砍杀那两位提款的女子，而来不及去感觉（也可能没有能力去感觉）她们的惊惧和疼痛，也就更是麻木不仁了。

然而，宵禁有用吗？

这个社会不仅许多家庭破碎了，而且更多的家庭失去了爱的环境。许多表面完整的家庭，或因工作繁忙，或因夫妻感情不和、夫妻长期冷战，也就无法给予孩子足够的爱和关心。有时候单亲家庭的孩子反而可能拥有足够的爱。

宵禁只是将青少年从街头赶到屋子里，无法将屋子变成家。关在不是家的屋子里的孩子，顶多只是延迟了引爆时机的炸弹。灾难，将在表面寂静的未来，以出人意表的速度和程度，像火山一般爆发。

之后，这个宵禁政策无声无响地消失了。台湾的街头没多久又出现相同的新闻：随意而冷血的杀人事件，甚至是出现在安居乐业的中产阶级社区或活动空间，就像美国作家杜鲁门·卡波特写的唯一一部纪实文学作品《冷血》中所描述的。这样的事实一直存在，像火山，不管有没有爆发，火红的岩浆都持续滚动着。

延伸阅读

《冷血》(2013),杜鲁门·卡波特著,南海出版公司。

《魔灯——伯格曼自传》(1993),英格玛·伯格曼著,中国电影出版社。

《午后曳航》(2010),三岛由纪夫著,浙江文艺出版社。

《鲁滨孙漂流记》(2015),丹尼尔·笛福著,北京师范大学出版社。

《蝇王》(2009),威廉·戈尔丁著,上海译文出版社。

第二课

过滤环境：家庭和家庭之外

呐喊青春

之一

许多人都喜欢谈真理,圣人如此,科学家如此,一般的民众也不例外。我却对"谎言"有着无限的感激。

一位个案走进了诊所,他辩称"押"着他来的人根本不是他的亲生父母。他说,他的亲生父母被杀害了,只因为他们是这个世界上秘密帝国的皇族。

刚刚开始学习当一位专业的精神科医生时,我会很快地为他下了诊断,明显的妄想症状。甚至还卖弄一点学问,特意标上是卡普格拉妄想,专门指篡改自己身世而深信不疑的谎言。

而这位年轻的男子继续坚称,包括各种捕风捉影的琐碎证据,譬如从小"假"父母就对他特别偏心,兄弟姐妹中唯独他一直被安置在乡下,直到小学才接他回家,等等。

他的童年,是孤独和寂寞的。因为失去了温暖而强壮的手臂的拥抱,所以许多想象出现了,以满足这一切匮乏:原来他不是被遗弃的,而是因为更伟大的使命。

也许真理是我们永恒的追寻，然而，谎言往往能让我们的心继续活下去。

记得少年时代的我，也是擅长说谎的。大部分的时候"我因此拥有更多"，包括金钱、玩具和夸赞等，只是偶尔才遭到处罚。

后来，我决定不说谎了，痛改前非了。但是不得不承认，适当地说假话反而更有利。何况，法国精神分析大师雅克·拉康也说："我说的一切都是真理，但不是全部的真理。"是的，我说的一切都不是谎言，但也不是真实的全部。

之二

如果有这样一位少年来了，在父母唉声叹气地控诉他逃学的情况下，走进我小小的咨询室，我应该怎样反应？

这样的个案其实很多，从小学四五年级到高中，甚至连上了大学一年级还拒绝上学的都曾有过。

遗憾的是，我只是也只能在咨询室里，展开无限的倾听。

其实，应该追随他们离开校园的身影，去看看真正的欢乐。即使是无所事事的游荡，也可以因为他们忽而逗留忽而前进的身影，看见更多的心情。

前几天，我到台北市立第一女子高级中学进行散文评审。开场时，一位老师顺便说了一句话："其实，同学们更高兴的恐怕是可以请假。"那些穿着绿衣服的少女哄堂大笑。

高中时代，我也曾经着迷于这种合法的逃课。每天早上，到红楼前矮屋的校刊室，在假条上签个名，就可以不用上课。我去看橄榄球，看早场的电影，或者，根本只是闲逛。

我真的狂热于橄榄球吗？也许吧，只是，更重要的是，我只是在逃避，想远离那些我无法掌握的书本。

多年以后，我才明白，这一切的逃避原来就是追寻。我也许绕了很远的路，却也经历了许多不寻常的思考。

那些因为逃学来到门诊的少年，也许，他们才是真正踏上奥德赛之旅的战士吧。

之三

一位昔日的朋友向我抱怨生活的不易。这是极其不寻常的。从大学时代开始，在这类聚会上，大家总是谈论着一些彼此即将实现的理想或各种成就，很少有如此沮丧的表白。

我们坐在金华街巷弄的一家小酒馆，八九年前就经常在这里碰头了。爱射飞镖的老板还是依旧，只是店里的热门饮料已经从血腥玛丽之类的鸡尾酒，转为珂罗娜啤酒，再变成一瓶瓶稍稍昂贵的红酒。

结婚以后的朋友，开始认真地还房屋贷款，开始考虑带妻子出游而换大房车，也开始为了孩子入学的问题不得不求人说情。

酒吧角落的报纸，刚好刊出前一晚飙车少年的砍人事件。占的版面并不抢眼，也许这类新闻发生多了，读者也不感兴趣了。

朋友端起红光荡漾的高脚杯说,要是哪天他儿子长大了,去做同样的事,恐怕也不会感到意外吧。他继续说着,台北的生活支出是这般大,整个人都被家庭的负担压得喘不过气来,总是不知要和儿子谈些什么。

他指着报纸上的照片,叫我看看那些少年的模样:"不也和我们当年一模一样?"只是,我们太幸运了,顺利地考上有名的高中、大学,然后又找到了还像个样子的工作。

"如果,如果那时真的来一次失败,跌得灰头土脸的,恐怕也会像他们这样自我放逐到另一个不在乎生命的轨道上吧。"他有点颓废地说着。有一天,沉重的生计累垮他的斗志,也就顾不得自己的儿子是否学坏去了。

生命是美好的,生活却是如此沉重。

之四

自华盛顿特区飞抵洛杉矶机场时,离回台北的班次还有将近五个小时。我站在机场门口,调了一下手表的时差,慢条斯理地从国内机场走到另一头的国际机场。

办理登机的航空柜台还空荡荡的,我索性在机场百货商店随意逛逛,其中包括重新装潢的书店。我买了一本伊塔洛·卡尔维诺的散文合辑《圣约翰之路》,同时也看到了曾经著有《美貌的神话》的娜奥米·沃尔夫的另一本作品《淫荡》。精装的版本,有点厚重，最后还是放弃了。

回台湾的旅程上，我开始有点后悔了。其实，在另一家免税店购买的糖果和威士忌，不远远比那本书还重？

后悔的情绪立刻招引来记忆中的许多女性个案。也许是大学里的漂亮女生，在门诊里随意地谈起前两天又临时起意和网友约去小旅馆了；也许是工作人员抱怨没法制止家扶中心送来的少女主动去进行性交易的行为；也许，只是在最沮丧的生命时刻，她忽然觉得身体不再有任何的感觉，也就不必拒绝任何性的邀约了。

有的女孩笑眯眯地讲着，带有一点炫耀的口气；有的则是更沮丧了。而我总是仿佛平静地凝听着，内心的震惊使我不知道如何进一步地交谈。

生命太复杂了，远远超出我们学习过程中所学的一切。新版的教科书或学刊，清楚告诉着这一切性和爱之间的混乱，只是一种缺乏足够被爱的经历或童年性创伤的结果。只是，即使知道这公理一般的标准答案，还是在会谈的过程中沉默了。

我睡在不太舒服的舱位里，辗转反侧，脑海里不断地浮起那本书封面的抢眼题目：Promiscuities（淫荡）。

之五

到儿童心理卫生中心的第一天，宋医生就告诉我们：任何被带来门诊的孩子，都要在脑海中将他放回到家庭，想象他在家中的互动模式，才开始理解他的行为举止，最后听听老师或父母的说辞。

　　这是许多年前的事了。当时，我做精神医学的住院医生只有两年，也就不容易明白这句话的奥妙。只是，既然有人如此耳提面命，也就不自觉地遵循，甚至也体悟出其中些许的道理。

　　一位儿童精神分析师就曾表示，从来没有"一个婴儿"这回事，只有婴儿和照顾者共同存在的状态。

　　儿童如此，成人其实也是如此。

　　一位多年从事家族治疗的朋友曾说，只要他看了当事人的家族结构图，再与其中一位家庭成员交谈，就可以揣摩出家里每一个人的个性、成就和可能遇到的人生难关。

　　这话听起来有些夸张，其实理解起来并不难。家庭的故事原本就是一部罗曼史的通俗剧，都有着固定上演的脚本。

　　新闻报道又传来一群少年惹事了，镜头稍稍带过那些背对荧屏的少年，完全看不见长相和表情。只是偶尔，气急败坏的父亲刚好被摄入画面。虽然短短几秒钟，听听训话和用字，再看看两个人的肢体以及相互牵引的方式，大概可以猜得出来是怎样的家庭模样了。

　　而画面很快切换到下一则社会新闻，一场不明原因的大火，一家五口丧生，仅有因应酬迟归的父亲幸存。我又开始想，这样的命运该是怎样的家庭才会遭遇的。

之六

一群白鼠在笼子里追逐。雪白而毛茸茸的斑点，个个铆足劲向前冲。

不知不觉，画面转进白鼠之间。"我仿佛也成为其中一只白鼠，着魔似的奔跑，朝黑暗的笼底，努力迈向不知的尽头。"

久久没见面的朋友，嚷嚷着要我解梦，他说，连续梦见好几天了，总是没头没尾地消失。

我们是在别人的喜宴上相遇的。那是一场沉闷的婚礼，以往的朋友没几个人到场，饭店上菜的速度又奇慢无比。

婚礼的主角是以往一起读书玩耍的伙伴。那时，大家专注于学业，后来彼此散去了，也就来不及学点日后流行的星座或紫微斗数了，更不会玩梦的解析之类的游戏。

这个梦不是太寻常了吗？一定是最近的生活让你厌倦了，整个生命卡在一个没法轻松下来的战场，只是不知道追逐的是什么，或者是在逃避后面摆脱不去的一切。

朋友哈哈大笑，说我胡乱解梦。他说，那种奔跑充满了愉悦和自信，有一种征服的快感。他又说，我们的解释都是困顿或沮丧的，恐怕是自己心情的投射。带着这样负面的反应，我怎么去和青少年沟通呢？

喜宴的嘈杂让人厌烦，连酒都显得扫兴。

我想，自己可能真的困在某个社会位置上了。

之七

十月十日那个晚上，几批朋友在同一间酒吧碰上了。许多人坐在长桌前，许多话题交错穿梭着。

酒吧在巷子里的地下室，有些冷峻的装潢，再加上前卫而露骨的壁画。只是，随着血液里的酒精浓度升高，一切都变得温暖了。

又有人谈到一个梦，关于飞翔。他说，这辈子从没飞过，可是一点也不害怕，甚至舒服极了。可以感觉到急速的风几乎让脸上的肌肉变形了，然后看见越来越渺小的河流山川。忽然，有些稍稍说不出的不安，立刻在左右手边找到了刹车器，才放下心来，逐渐在地面降落。

我忽然想起了一种说法，关于人类的飞行本领。据说，每一个民族都有关于自己更远古以前的传说，刚巧都有着飞行的天生本领。后来，因为各种的犯忌或处罚，这一切全消失了。

在地面上的人类，因为有太多被遗忘的创伤，背负了沉重的不安全感，再也飞不起来了。少数幸运的，也许还可以在梦里飞翔，但总是还有一丝不安，譬如，要能确定自己可以着地，才敢放松飞行。

这也许是小王子的故事如此风靡的原因吧。小说述说着各个大小星球的故事，但是，更让人着迷的却是没说明的那些毫不担心的飞翔。

而我们坠落了。坠落在一间没有窗户却能看见天空的地下室，在葡萄酒晃动的红光里有一丝飞翔的乡愁。不经意抬起头来，在想象世界可以看到的天空里，有许多飞行的年轻身影。虽然苍穹太广阔，不容易辨识。可是，确实是越来越清楚，也越来越多了。

延伸阅读

《圣约翰之路》(2015)，伊塔洛·卡尔维诺著，译林出版社。

不敢开口问

一位研究生因为一再重复的自杀行为，被家人带到门诊。我打开病历，看到他"显赫"的学习经历，不禁好奇究竟是怎样的困境，让他不得不采取如此激烈的方式结束自己的生命。

说他的学习经历"显赫"，其实一点都不夸张。从小学、初中、高中到大学，一直都是全台北市父母挤破头也要将孩子送进去的地方。他不但一直都是这些学校的一分子，而且还是最杰出的，包括不同阶段的"市长奖""奥林匹克奖"等。甚至连硕士班，都是同学们在衡阳街那家圈内人都知道的专攻研究所的补习班，辛苦许久才好不容易挤进去的，但他却只是凭着大学优异的表现就轻松申请到了。

"为什么，需要结束这么杰出的生命呢？"我才一开口，看见他充满怨怼的眼神忽然直直瞪着我，我就知道自己一定是说错话了。他只是看着我，沉默无语，没有任何声音，只有越来越强烈的焦虑充满了整间咨询室，几乎是要爆炸了。这时，父亲急切地开口了，在他肩上推了一把："怎么还不说话？这么不礼貌。"

我似乎立刻就明白了，虽然只是一个小小的动作，虽然他依然没说任何一句话。但是，想想看，一位在顶尖研究所就读的硕士班学生，还是从大学以来每学期都拿"书卷奖"的优等生，在他的爸爸面前，居然连保持沉默的权利都没有，还要遭遇像小孩子一般的对待：推肩的使唤，命令的口气，还有"不礼貌"的指责。

我看着他，温柔的眼神直直望着他依然有些愤怒的双瞳，几乎是一分钟那么漫长的宁静，才缓缓开口说："你不回答，我可以理解，可是，为什么这样子你也不会生气呢？"忽然，他开始落泪却又强忍住，只是越来越激动的情绪几乎忍不住，全身抽搐着，他终于放声大哭，完全不可收拾。而我继续静静地看着他，仿佛一个世纪之久的等待之后还是静静地望着，直到所有眼泪、悲伤和愤怒，全都用尽了。

"是呀，我为什么不生气呢？"他终于开口，只是自问自答，并不期待有人给他任何反馈。

从小他就被称赞"乖巧"和"模范"。他也清楚，只是基层公务人员的父母，从他出生以来，其实一直都是很辛苦地为他们姐弟提供最好的学习环境。特别是姐姐"失败"以后（没考上台北市立第一女子高级中学，只入学了中山女高），似乎，所有为家族"雪耻"的责任都落在他身上了。当然，以他的表现，他不只是"雪耻"了，还光耀门楣了呢。

出事的那一天，他正做着一项实验，忽然卡住了。不知是哪一步骤出了问题,几个晚上熬夜一再重试,还是做不出结果。他想问同实验室的学长,可是还没开口就紧张地结巴了。

原来他是如此优秀,从来都是认识或不认识的同学主动找他聊天、问问题。直到今天,念到硕士,已经二十五岁了,他从不需要问任何的问题。他也许没有难得倒自己的问题,但是,更重要的,也是他从来没透露过的:他根本不敢开口问问题。

他不敢开口问同学任何问题,虽然他内心充满着许多好奇:下课时不经意听到 A 同学提起的女巫店是在哪里? B 同学有那么多女朋友,要怎样才能追到女孩子呢?他甚至只想要小小地坏一下,譬如说,偷偷抽一口烟。可是,走到便利店门口,又害怕想象中的店员的眼神,便退缩了。

"如果连跟同学讲话我都这么笨,那什么时候才可能去追女朋友呢?如果一个人连和女孩子讲话的能力都没有,成绩再好,可以到台积电或联电研发部上班,甚至成为下一位比尔·盖茨,这又有什么活下去的意义呢?"

我不知道坐在一旁的父母是否听懂了。他们焦虑不安得好像是要反驳似的,可是被我一个婉转的手势制止了。我虽然依旧沉默,但很想用力抓住他父母的衣襟,对着他们的耳朵,用足以唤醒一头大象的声音用力地吼:"你们知道吗?人生除了功课,还有很多更重要的事!"

追风者的指引

从事了年复一年的临床工作后，总以为自己拥有的专业知识，在面对病人时，早已是绰绰有余，顶多注意一下新的药物就好了。可是，随着心理治疗工作的展开，与个案还有个案的家人相处的时间越长，接触的层面越多，越发觉自己不知道的，其实还有很多。

这些年来，台湾有许多人写下自己罹患精神疾病的例子。李欧梵的妻子李子玉叙述着忧郁的黝黑身影，而且是更多深层的自我经历。这一切都是我们临床工作者的老师，是学习的最佳资源。

因为这些案例，我开始思考：原来身为治疗者的我，可能因为某一句话，就改变了（包括恶化了）个案的处境。同样地，原来个案的病情好转，不只是药物或治疗的结果，还因为某些不经意的领悟或建议。然而，更多的时候，我会想起一些个案的眼神。似乎，通过那些相似的个案，我才看清楚这些眼神是为何才承载着如此沉重的心情。

L君就是一个例子。

强力的冷气终究挡不住这个夏天的炎热。坐在咨询室里，贴着墙壁，背脊上的汗可以感觉出酷暑的威力。我不安地坐着，身体虽然放松，四肢完全不着力，几乎可以感觉到地心的吸引，但是，大脑皮质里的焦虑却是这些熟练的放松身心的技巧没法纾解的。

是因为这热浪，还是眼前的 L 君呢？

第一次见到 L 君还是在二月的春天，学校的辅导老师紧急联络的。正面临高考的 L 君，前一天还好好地帮同学庆祝生日，一群大男生结束了例行的夜读，深夜里在黑暗的操场嬉闹到十点多才回家。这一天晚上留在教室内自修时，凄厉的惨叫声忽然响起，形形色色的鬼魅故事，穿过漆黑的校园，夜空中四处流窜着许多若有似无的暗示。

这是一个明星级的男校，大学入学推荐的结果已经揭晓，而学力测验考试随之来临，大部分的同学放弃了前者，正努力冲刺。许多人下课后径直前往补习班，留下来自修的同学也不在少数，便目睹了这一切无法理解的诡变，全吓坏了。

L 君立刻被送到学校附近的某大医院急诊，做了紧急的诊断和处理，留置到第二天才回家。焦急的辅导老师征求了更焦急的父母同意后，安排了当天傍晚的心理咨询。

经过药物注射下的一夜安眠，前一天怪异的行为已经不见了，只剩下亢奋的情绪与飞跃的想法。典型的躁症症状，我想。后来，经由父母的补充，知道 L 君在十二月底就开始变得开朗，主动关心同学的生日，也不寻常地为圣诞节大肆采购。父母以为要毕业了，L 君和同学的感情因为三年的累积而越发深厚，才有这些与过去内敛性格不同的表现，自然是不以为意，甚至还为 L 君三年的学校生活能有这么多好友而感到高兴。

那天晚上，在结束初诊的会谈以后，我安慰他的父母说，也许很快就会好的。

我的安慰并非无中生有。19 世纪的法国医学界，有一个诊断观念为"Bouffee Delirium"。"Bouffee"的法文意思是鼓足面颊用力吹的一阵风；而"Delirium"在法文里的意义和英文"谵妄"稍有不同，多了一些妄想或疯狂的成分。两个字合在一起，就是"一阵狂风"的意思。那时的精神医学刚起步，人类才刚刚发现疯狂似乎是可以理解的：虽然仍然感觉有点玄奥，但至少已经不再以为是不可探究的神鬼意识了。于是科学家开始敢去凝视，也开始有兴趣凝视这一切发生的不寻常的表现，从而辨识出许多差异，而以往被笼统地称为疯狂的这一切，逐渐被归纳分类成不同的现象。所谓的"一阵狂风"，只是其中一个被辨识出来的病理现象，指的是来得快去得也快的疯狂。

这样的观念，在 20 世纪后逐渐舍弃不用，但是，还是有精神医学家陆陆续续对"一阵狂风"的临床现象进行相关研究。大部分的报告表明：后来的追踪显示大多个案属于躁郁症，或更现代的叫法是双相情感性精神障碍。所以，所谓"一阵狂风"的情形，其实只是躁郁症的急性躁期。同时，另外的追踪研究结果也显示，这种来得快的躁郁症，在所有躁郁症中是属于预后好，也是容易恢复的一种。这也就是我敢安慰他的父母可以乐观一些的缘故。

那一年的春天特别长。虽然一度因为非典疫情闹得人心惶惶，但大部分的时候，台北街头开始变得很欧洲，人们流行在露天的街头喝咖啡和聊天，仿佛这样舒服的温度和不太潮湿的空气将要永远地继续下去。

春天特别长，L君的病情也起伏得特别频繁，忽躁忽郁，根本不似原先预测的乐观，甚至可以说是躁郁症中最难缠的迅速循环型。我当初的安慰，反而成为虚幻悬空的胡萝卜，不断制造失望的虚假希望。更尴尬的是，我的角色也开始混淆了。

原本，我应该是从事心理治疗的医生，准备在他逐渐康复时，试着和他建立信任关系，消除他可能的恐惧，追回失去的信心。可是，面对他不可捉摸的情绪循环，前一周还十分忧郁，这一周又亢奋地表示自己一切都好了，高考有把握了，要开始熬夜冲刺了，药物的种类和计量当然要立刻调整。可是，一位自认为痊愈的患者，怎可能接受新的药物，甚至是更多的药物呢？于是，我的角色不再是原本的心理治疗者，而是半哄半骗中又带着几分暗示性的忧虑（也是一种威胁）的开药医生了。

好不容易，这样的起伏状况逐渐稳定了。只是，台北漫长的春天早已结束，一夕之间，近乎热带的酷热将白天街头上人们的悠闲全驱散无踪了。高考结束，发榜的消息也传来。L君的病情虽然稳定了,也参加了高考,只是,L君用来准备考试的时间全因为躁郁的循环情绪给耽搁了。在没有完全准备的情况之下,成绩自然相当不理想。

L君考上了台北郊区刚从专科学校升为技术学院的科系,这比起他当初非"台清交"(指"台湾大学""清华大学""交通大学")电子科系不读的志愿差远了。可是,父母担心重考的压力会使他病情复发,他自己虽然未做任何表示,但是,以他向来倔强的个性居然也同意屈就这所学校。这样的屈服,自然可以猜出他内心深处也有同样的不安全感。

什么时候,自己又会变成不是自己了呢?

失去自我是人们内心深处最恐惧的状态,和死亡恐惧是同一等级的。只是,就像我们年轻的时候几乎不担心死亡,甚至连想到都没有;我们也从没有失去自我的念头,甚至连这种感觉都无法想象。然而,一旦经历了,或是经历过类似的情形,一个人就开始有了可能失去自我的担心。自然,这种恐惧将会成为他生命中的一部分——即使他口中是不承认的。

L君就是属于不承认的那一种。

我坐在咨询室里,面对他,不安的感觉越来越强烈。我不是担心他的病情又有怎样的发展,我只是逐渐感觉到他看着我的眼神里,慢慢酝酿着一股说不出的怨怼。

我可以想象他内心的矛盾。他的理性告诉他没有理由也不应该对我生气。可是,这三四个月来都是我在出面"逼"他要吃药,要保持睡眠充足，甚至连父母照顾他时的所有坚持，也都是我建议和要求的。也许他在理性层面，知道我所扮演的角色全然是为他好。只是，在他内心深处累积的怨恨实在也是够多、够强烈的，自然会找一个对象，在一切都压抑不住时，所有火山岩浆所需要的出口，也就是心理机转所讲的，为各种被压抑的情绪找到一只"替罪羔羊"。

长久以来，面对精神病患时，我们专业人员一直关心：如何将这些症状控制住，甚至是痊愈。大部分的医生也许以药物或其他生理治疗为主；较体贴的医生也许会在药物之外，还考虑环境、生活层面和心理层面可能的介入方式。然而，不管是否只以药物治疗，大部分的医护人员可能只考虑到当下的病情，而忽略了病情稳定以后，病人原来的心智虽然逐渐恢复了，可是，经历了这一切狂风暴雨般的旅程后，内心深处严重受伤的感觉，却是只有尚未完全复原的自己才知道。大部分的躁郁症患者要面对这样的煎熬，少部分退化较轻而症状控制不错的精神分裂症患者也是如此。

L君虽然因为担心考试压力可能增加复发危险性而选择了不重考，只是他真的甘心这一辈子就这样吗？

L君的故事我可以无止境地写下去。还有M君、A女士、C小姐、D同学，无数令人心痛的故事。

然而，医护人员看不到的疾病的另一面，我忽然看懂了这些故事，看懂了这些故事的另一层意义。原来，躁郁病不只是一种疾病，不只是大脑神经化学物质的问题，而是个人生命的竞赛，在放逐和追求之中无限挣扎的过程。我更相信：病人是医生最好的导师。

延伸阅读

《忧郁病，就是这样：一个抑郁病患者的自白》(2016)，李子玉著，上海人民出版社。

家里那个被忽略的人

如果有一位青少年，在成长过程中，家庭之中有人罹患了精神分裂症，对他而言，所面临的将是怎样的处境？——这是美国青少年文学家露丝·怀特在《夏天往事》中所描述的故事，也是她自己的亲身经历。

随着执业年数的增加，越来越发现有太多的知识，虽然是身为精神科医生的我早就应该拥有的基本能力，但自己在住院医生培训期间，不只是没有师长提及，连厚厚的百科全书式的外语教科书，稍稍几行字的简单描述也没有。

一位精神疾病患者，不管是精神官能症层级的恐慌症或抑郁症，还是精神病中的躁郁症或精神分裂症，他们在暂时痊愈或病情稳定之后，究竟是如何面对过去生命的断裂，所谓的"我"产生的一个全然不同的"我"，以及内心如何战战兢兢担心可能的复发，却又要努力告诉自己一切都过去了。种种的问题，其实是生命另一种沉重的痛苦。然而，所有的教科书从没提及。

教科书虽然表示抑郁症患者在痊愈的过程中，自杀概率反而增加，不过，它的解释却是，这些患者因为生命能力随病情改善而进步，因此有了自杀的能力。这也许是一部分的原因。只是，在临床上，我看到更多重度抑郁症患者在经历纠缠许久的黑暗人生以后，病情虽然终于暂时稳定了，却又陷入抑郁症随时可能侵袭的悲观里，以及不知如何面对因为久病而毁了一半的社会关系。

教科书也好，专业训练也好，似乎永远都有许多的不足。而且，十分重要的基本问题还没被发现，更没有任何讨论。

我还记得 A 告诉我他的家族秘密时，带给我的震撼。A 是我的朋友，高中时就认识了，后来进入社会才渐渐熟识。前些日子的相聚，他不经意地说起自己在台北市立疗养院看病："不好意思找你，怕给你增加负担。"原来从小他妈妈就罹患精神分裂症，在那个精神医学还不太发达的时代，虽然也在当年的锡口疗养院治疗，却一直没有稳定过。他从小就成长在这样的混乱里。他说，当他高中时听医生说这样的疾病会遗传时，就开始了一种恐怖的想象：这诅咒什么时候会发生？自己将像妈妈那样，变成另一个完全陌生的"我"吗？甚至，他要不断地掩饰家里的情况，连对朋友也不提，也不知怎么提，几次恋爱都因此草草结束。当然，长期下来的压力，塑造出他不轻易放松的性格，也永远失去了快乐的能力。几年前，压力实在太大了，他才去看精神科门诊。

在《夏天往事》里，我们看到身为妹妹的黎芮，在姐姐夏天一步一步地陷入精神分裂症的过程里，她自己亲身经历的辛苦历程。一方面，黎芮在这个失母的家庭里，必须承担起照顾姐姐的角色；另一方面，当她在学校里，在同学之间，她又要不断假装没有这样一位姐姐的存在。她担心姐姐，并且担起超乎年龄的责任，努力照顾姐姐；但是她又自责自己对姐姐的羞耻感，自责自己双面人的角色。

精神障碍者也许不是每一位都有如夏天一样的发病过程，但是，每一位精神障碍者的家庭里都有一位"黎芮"。只是，家人也好，医护人员也好，都在忙着照顾病人，哪还有精力去关心"黎芮"们，因此，每一位"黎芮"就这样被忽略了。《夏天往事》也许是最好的提醒，提醒每一个家庭除了病人以外，病人的家属也承受着许多需要我们去关心的压力。

《夏天往事》是给青少年看的书，也是所有照顾精神障碍者的专业人员和其家人都应该看的书。

"偏颇"的平衡

在台湾，翻开报纸、打开电视，几乎每隔几天就会看见儿童不幸受伤、受虐，甚至死亡的新闻。也许是父母的虐待，也许是继父母或同居人的虐待，也许是父母的失职疏忽，也许是不负责的父母在外得罪不良分子进而波及孩子。根据儿童福利联盟2008年的调查，重大虐儿与携子自杀的案件，共有六十余起，也就是说，平均每周都有儿童可能因为受虐而丧失生命。而近年经济的不景气，导致家庭的经济更紧张了，受虐的儿童和妇女似乎也更多了。

虐待、殴打、死亡，这些出现在报纸、电视上的是看得见的暴力，也是我们一眼就可以辨识出来的问题。然而，还有一种伤害更暴力，不只每天发生，而且是时时刻刻，甚至出现在生活的每一个方面。这种伤害往往以"爱"为名，以"孝顺"为理由，逼孩子承担他们这个年纪不应该承担的重荷。

"你为什么不努力读书，考好一点？这么不争气，妈妈不如死掉算了。"这是四五年前我在夜班公交车上听见的一段话。夜归的妈妈可能生活得很辛苦，加完班才去接回孩子。她在辛苦之余还要监督孩子的功课，可说是难能可贵。然而疲惫且不耐烦的口气，特别是以"妈妈不如死掉"来威胁孩子，恐怕连自己都不知道对孩子会造成多大伤害。我还记得在公交车内的白光照射下的那个孩子，因为恐惧而噤声的模样。

在中国的家庭传统里，爱固然使家人更紧密团结，然而爱也往往通过各种形式在家人或其他亲密关系之间，不断地进行情感勒索。特别是在家庭的支持功能逐渐瓦解后，我们可以发现，家庭对责任或义务的要求却没有因此而减缓。自然而然，借由爱或孝顺，及其延伸而出的罪恶感，来做要求或控制的，似乎是越来越强烈了。

这样的情形，在个人主义的美国或其他西方国家，恐怕也类似。美国心理治疗师苏珊·福沃德向来对这方面议题特别敏感。在《情感勒索》里，她仔细地描述了亲人之间的这种关系；在《爱上M型男人》这本于美国轰动一时的畅销书里，她更进一步描述了爱情之中许多以爱的名义来进行伤害的日常现象；到了《中毒的父母》这本书，她非常深入地讨论了父母对子女不合理的爱，以及相对的，父母教育孩子应该孝顺的不合理要求又是如何伤害了孩子日后的人格。

关于爱和孝顺的讨论，在过去，我们往往以"水土不服"来否认这些引进版图书。然而，也许是西风东渐，随着如今的家庭结构越来越向个人化趋势靠近，任何敏感的读者恐怕都可以在《中毒的父母》这本书中看到自己的例子，可能只是程度不同而已。

从《中毒的父母》这本书的书名，就可以看出作者急切的呼吁。作者苏珊·福沃德的行笔是愤怒的，她十分坚定地站在子女这一边，几乎所有的父母都被指责。这样的立场也许有些"偏颇"，不过，在我们这个社会，当所谓的"父母"还是拥有神圣不可侵的社会地位，她的"偏颇"反而更能平衡我们的现况。

想想看，如果再回到我提及的夜班公交车上。如果这样的事情再一次发生，我又能做什么？那一对夜归的母子其实都疲倦极了，那一位母亲在自己的意识层面以为只是说几句气话罢了，根本不知道自己其实是对幼小的孩子做了"情感勒索"，更不知道可能造成的伤害。这样的无感觉状态，这种无意识的暴力，才是让人更着急的。

还给孩子一个良好的成长环境

我描述人们的形象,是用他们的经历作为镜子,其中许多人的反应是:"这就是我这辈子一直有感觉却说不出来的。"我不是要成为召唤信徒的宗师,不是要人们信仰我,只是鼓励大家认真地对待自己曾有过的体验。

爱丽丝·米勒,这位在 1923 年出生于瑞士的精神分析师,最为人熟知的,就是她对那些被虐待和被迫终身缄默的孩子们翔实的文字描绘,以及他们在长大以后,这些创伤又如何继续对自己也对别人产生破坏性的伤害。

希特勒就是一个例子。

米勒博士得以闻名欧洲,乃至西方世界,是由于写了关于希特勒童年经历和日后性格的书籍《都是为你好》。希特勒是米勒博士笔下一位典型的童年时期被虐而日后依附于极端理念(基本教义派式的极端程度),并借此为理智的理由,但其实在感情上是以伤害别人来回避自己的痛苦的人。

《幸福童年的秘密》是她的第一本书，也是她撰写的关于儿童受虐问题的第一本书。在过去的中文介绍里，因受英译本书名 *The Drama of Gifted Child* 的影响，往往翻译成《天才儿童的悲剧》等。其实在米勒的笔下，这天赋不是上天赋予或与生俱来的，而是被迫赋予的。她指的天赋是美国心理学家所说的"父母型子女""早熟的孩子"或"小大人"。

在我们的社会里，小大人成熟稳重，甚至主动为父母或老师分忧或减少负担，一直都是被夸赞的"好"孩子。可是，在米勒的重新诠释下，这样的天才或早熟，反而是一种悲剧，是来自父母抚养时经常出现却自我否认的忽略和残酷。正是因为如此，1979年，这本原是德文的书籍首度问世，书名其实是《陷在童年的囚犯》（注：1981年发行的英译版书名为 *Prisoners of Childhood*）。

在米勒看来，早熟、懂事或太早独立，从来都不是好事。这些"美德"其实是童年心理或生理上受虐的后遗症，是长期挥之不去的效应。这也是她一直所关心的。"我们不需要任何教人如何尊重孩子的心理书籍，"她如此说，"我们所需要的是对抚养孩子的方法和对于抚养的传统看法，有一个全面性的改革。"

米勒出生于波兰不久，全家就移居瑞士。她主修哲学、社会学和心理学，并且在三十岁那一年，也就是1953年，拿到博士学位。同时，她在苏黎世接受精神分析的分析师培训，从此成为当地的一位执业精神分析师。

关于米勒所关注的议题，也就是儿童受虐的问题，一直是弗洛伊德自身的学说遭诟病——特别是女性主义者——的焦点。早年弗洛伊德提出"诱惑理论"，认为女性的很多症状其实是源自幼年期遭受过性创伤所致。只是他后来否认了这一理论，而是探讨儿童记忆的虚实。

20世纪70年代以后，随着女性运动的崛起，童年性伤害问题再次被注意，许多临床心理工作者开始质疑弗洛伊德对诱惑理论的"放弃"。然而，到了20世纪80年代末，人们对记忆有了更多的探讨，不再单纯落在加害人和被害人的二分法里，对弗洛伊德的这个误会才稍稍缓解（有兴趣的读者不妨看看《弗洛伊德与伪记忆症候群》）。

米勒接受精神分析的培训时，正是安娜·弗洛伊德和梅兰妮·克莱因两位女士将精神分析有关儿童的理论发展到相当成熟的阶段。正在受训的米勒，应该也完整接受了这方面的培训。虽然她走的路，随着临床工作的开展，离正统的弗洛伊德学派越来越远，但是，她从没否认弗洛伊德对她的影响。

米勒另一本重要作品《汝不该知道》（Thou Shalt not Be Aware）原本就是题献给弗洛伊德150周年诞辰的。对她而言，"他（弗洛伊德）关于童年残余的经历对成人阶段的无意识的影响及关于潜抑现象等的贡献，深深影响了我的生命和我的思考方式"。但是，她也有所保留，"然而，我从我的病人那里学到更多有关童年虐待的潜抑作用时，我却有不同于弗洛伊德的结论"。

同样，米勒也批评弗洛伊德的俄狄浦斯情结："弗洛伊德学派的观点里，父母是不知情的，而不是孩子。"这也是她认为性虐待问题被长期忽略的原因。

儿童阶段的忽略，父母不自觉的残暴和性虐待，等等，已经成为现在的临床工作者普遍接受的观点，相关的书籍也很多，有兴趣的读者不妨读读。

然而，像米勒这类的治疗师，终其一生，以激进的人本态度，希望还给孩子一个良好的成长环境，恐怕是不容易的，也是让人敬佩的。

透明化的存在

社会的变迁，对每个人都会产生或多或少的冲击。关于这一点，是每个人从每日电视新闻就可以看到的。只是，社会变迁究竟经由怎样的机制，对生活中的每个人产生影响呢？关于这一点，却又是我们说不清楚的。

日本社会的发展，也许是很好的借鉴。在社会现象上，同样是人口老龄化，传统大家族瓦解，传统社区支持系统瓦解，小家庭陷入维持的紧绷状态，经济进入紧缩衰退期，越来越没有未来的个人发展，等等；在心理现象上，校园暴力或霸凌、拒学行为、御宅族或茧居族、自我伤害行为、自杀、厌食症、边缘性人格等。在这种情况下，日本如何思考这些问题，以及提出怎样的解决方法，也就值得我们参考。

面对这些社会变迁，首当其冲的就是青少年。这是西方社会学家也曾经注意到的。也许是因为青少年是在家庭群体中逐渐分化为社会个人的过渡阶段，是前不着村后不着店的中间地带，也是最没有具体形状的，所以很快受到社会新生力量的牵引拉扯，因此而扭曲变形，甚至无法生存下去。

当然，这里所讲的青少年，是指开始和父母的关系有些紧张的十三四岁，一直到完全独立的大学毕业或是许久以后，也就是处于家庭和社会的中间地带的人。青少年或青年阶段比原来专家学者的认定还要长远，这是颇叫人讶异的。有些人认为是社会变迁造成人类越来越晚熟，有些人则认为独立自主于社会原本就不如想象中容易或单纯。

青少年既是最容易受冲击的，身为教育心理学家的富田富士也先生针对青少年处境写的《谁说孩子没压力》值得大家阅读。

包括富田先生在内，日本关于一般心理或心理疾病的通俗书籍，通常都会有相当多的社会层面考量。家庭、学校和社会究竟发生怎样的变化，虽然不一定是书的主题，但往往是这些书里会考虑的主要问题。正因如此，日本这方面的书看似写得比相同主题的书简单，却可以使读者收获更多。

富田先生对"透明化的存在"这句话的思考颇有震撼力，而这样的震撼力也是这本《谁说孩子没压力》令人爱不释手的原因。所谓"透明化的存在"，也就是"可以不存在的存在"，实在是十分传神地描述出了现代青少年或青年的失落感或空洞感。他们从儿童变成青少年，从世界（家庭）的唯一中心，变成世界（已经进入以学校为主的社会）上可能很容易被忽略的小小角落，其中的压力是不言而喻的。

富田先生的著作抓到了这样传神的重点，也就更能贴切地思考孩子们究竟面临怎样的压力。尤其是他的文章结构简单，提供给父母或老师参考的具体方法不仅切中要害且浅显易懂，这实在是不容易的一件事。

孩子是有压力的，而且，这些即将长大的孩子的压力反而最大。这是富田先生书里面所说的，也是作为临床工作者的我十分赞同的。这个社会在变化，许多新的游戏规则人们还没搞清楚，青少年似乎是最容易感受到的。于是，厌食症也好，拒学行为也好，自我伤害也好，还有一堆过去世界所没有的、新的心理问题，全都是发生在青少年或青年身上。

青少年，这个可以不存在的透明化的存在，其实是相当不容易的。

沉默的"瘟疫"

之一

我经常思考,即使拥有 2.0 的视力,我们真的看得到一切吗?还是说,我们看到的,往往是已经知道的。我们不曾思考过的,就算是拥有一等一的锐利眼力,就算是铁证如山的事实摆在眼前,我们还是经常看不到。

1995 年,我从花莲回到台北工作,和昔日同侪经常聚在一起小酌。一位朋友就提到他正在处理的个案,十分棘手的边缘性人格反常。他说:"这类个案不是经常一冲动就要自杀吗?可奇怪的是,虽然她经常在两条手臂上用美工刀划上浅浅的伤口,却不断强调刀锋划上皮肤时充满的愉悦。"当时我们七嘴八舌地讨论,谈了许多可能的心理意义,然而,酒酣耳热之后,也忘了有什么具体的结论。

没多久,我自己的门诊来了一位高二女生,父母忧心忡忡地陪伴前来。她的伤口不只是在手臂,还有两条大腿的内侧;她不只是用刀划过皮肤,还用烟头烫自己的前臂。我忽然想到那位同事提到的个案,便问道:"划下去的那一刹那,有没有可能是像这样,其实一点也没感觉到痛,甚至反而有一股无法形容的舒服?"她忽然抬起头来,原本被迫就诊的敌意都消失了,脸上露出放松的表情,像是早已放弃求助的人,忽然遇到一位可以了解她的人。

之二

其实,我仔细回想,在过去门诊或门诊外的医疗场合里,这类个案恐怕早已遇过多次了。只是当时因为我脑海里的认知系统还没有纳入这样的思考,也就看不见这样的个案,即便他就坐在我的眼前。

1988年,在我当住院医生的第三年,经常帮台大精神科前辈林宪教授整理有关自杀的个案资料。那时是登在《当代医学》月刊上,每月一次的自杀个案分析,后来还结集成书。在那十多篇的文章里,其中几个个案的自我伤害行为都被视为自杀企图,根本没想到两者之间的不同。

1994年,我在花莲。因为工作,跟东部地区的学校,特别是中等学校,维持着十分密切的合作关系。有一天,某学校辅导室紧急联络我,原来有七个女同学在一周内连续发生了至少十三次的轮流自杀行为。这是一个很不寻常的紧急状况,需要立即处理。当时花莲的助人专业人员平时的联系相当紧密,我立刻找到三四位同行一起帮忙。

当年我们以为那是"自杀"行为,也一直将它视为自杀来追踪讨论。可是在我有"自我伤害行为"的概念以后，回想起来，似乎称之为"相互感染性的自伤行为"比较恰当。譬如其中一位同学"担心台东老家的弟弟精神分裂症复发，妈妈一天到晚打电话来抱怨，可是自己却帮不上忙，很烦，就敲碎学校厕所的玻璃划手腕"。另一位同学则是"每次看到这位好友又伤害自己，实在很生气。难道她不知道我们很心痛吗？于是我也割腕，让她一起感受这种叫人操心的难过"。

自杀与自我伤害是不同的。

自杀可能是要结束自己的生命，结束一切的痛苦；自杀也可能是一种沟通方式，在所有正常的沟通方式都无法奏效后所诉诸的最后方法，所谓的"一哭二闹三上吊"就是这个意思。自我伤害却是没有自杀企图的身体伤害，它甚至是一种想活下去的呐喊，希望自己借由这些方法，摆脱纠缠不去的不愉快的感觉。

一个人如果继续陷在烦闷、空洞、焦躁或自我压迫的感觉里，而这些感觉偏偏像鬼魅般阴魂不散，这时，肉体的疼痛反而可以暂时逃离心里的这一切负面感觉。这也就是为什么许多个案在描述他们的自我伤害行为当下的感觉时，会表示"一种许久没有的轻松"，甚至是"愉悦的"或"像是嗑药的快感"。

西方对自我伤害的注意，其实也是近几十年的事。

20 世纪 80 年代中期，黛安娜王妃和查尔斯王子婚姻破裂的新闻陆续传出，特别是黛安娜王妃数度用刮胡刀伤害自己的小道消息传出之后，自我伤害行为才广被注意。

黛安娜王妃很小的时候父母就离异了。我们不知道她的父母历经多久的激烈争吵或冷战才终于离异，也不知道当时的黛安娜是如何面对任何孩子都没法承受的家庭压力。然而，长大后的黛安娜仿佛是天真无邪的天使，没有烦恼，似乎也不知民间疾苦。也是因为这样的天真，黛安娜征服了世人。当她二十岁嫁给查尔斯王子时，简直是20世纪最迷人的童话故事。只是，随着婚礼结束，天使开始要面对琐碎的现实生活，面对随时可能生闷气的王子，以及第一次怀孕后不得不面对的更多现实，她发觉自己的生命被困住了。于是，这种无法脱身的感觉，带给她极大的不安全感。她开始有自我伤害的行为，包括用刮胡刀割腕、用身体撞碎整个玻璃橱柜、用柠檬刀划自己的身体、用拆信刀割大腿和胸部等。她也开始出现严重的暴食和厌食症状。

当天使也有不得不自我伤害的痛苦以后，西方世界的专家和民众才开始注意到这种行为。许多公众人物也开始坦然现身。譬如主演《剪刀手爱德华》《加勒比海盗》的约翰尼·德普早期出道时是好莱坞闻名的"坏男孩"，一遇到挫折就破坏旅馆房间的设备，或是冲出去莫名其妙地与人干一场架。

西方学术界最早讨论这一问题的应该是密苏里大学精神科教授阿曼多-法瓦扎，他是国际知名的文化精神医学专家。他在1987年出版的《身陷折磨的肉体》是第一本讨论自我伤害的专业书籍。他从跨文化研究出发，提及1980年他遇到一位来自苏丹的年轻女移民，发现她幼年时因为接受当地风俗，割除了阴蒂和阴唇，造成她在新世界的文化中开始对自己产生"女性"怀疑，而陷入忧郁。他也发现在临床工作中，精神科医生遇到越来越多不是自杀的自伤行为。这两种不同文化背景的自伤行为，启发他对这个领域的研究。

之三

既然自我伤害行为在过去长期被忽略，被混淆成自杀行为，那么这个问题的严重性有多大？

西方学者们（如法瓦扎等人）认为历史文献中最早出现的自伤行为，应该是《新约全书》。《马可福音》第五章曾记载：耶稣一行人来到格拉森人的地方，一下船就遇到一位住在坟茔地区的人。《马可福音》里没有解释，为何人们总是试图将他用脚镣和铁链捆绑，他却永远可以弄断。然而"他昼夜常在坟茔里和山中喊叫，又用石头砸伤自己"。当他一看到耶稣，就主动跑去求救，"我指着神恳求你，不要叫我受苦"。耶稣推断他被污鬼附身，施以驱魔术。被赶出的污鬼们自称是"群"（注：legion，希腊文，指罗马军团，通常有六千名士兵），要求耶稣让他们附身在附近的猪身上。耶稣答应了，这群猪被附身以后，"闯下山崖，投在海里，淹死了"。

虽然神学上对这类案例，有着和现代心理学或精神医学全然不同的解释，不过，我们想想，为什么这位被污鬼附身的人没有自杀？是什么原因让他仍然活下去？我们也许永远没法回答，但也许就是在那个没有刀片的时代，用石头一再地砸伤自己，是生命得以延续的缘故。

在这个古老的《圣经》中的案例里（据考证，《马可福音》完成于耶稣逝世后四十年左右），我们再次看到，自我伤害不是自杀，而是一种想要活下去，甚至自我治疗的手段。

只是，究竟遇到了什么困难，活下去变得需要如此用力，甚至要持续通过自我伤害来自我治疗？在《圣经》里，耶稣的诊断是污鬼附身，可是我们如果以现代心理学或精神医学来看，又该怎么解释？

很多学者认为，自我伤害行为是一种风土病，也是一种流行病。所谓风土病是指，它只出现在某些社会条件下的社区。譬如经济发达到相当的程度，传统社区关系和家庭关系瓦解到某种程度以上，这时某些人在这种环境中会感觉特别孤单而茫然。所谓流行病是指，它是一种新的时代病，一旦开始了，就像沉默的瘟疫，不可遏止。

有些精神分析取向的学者，则是从自恋和自体的观念出发。英国精神分析师贾德娜所写的《自我伤害：心理治疗的处理方式》可能是从精神分析观点出发，讨论自我伤害行为的第一本书。她在这本书中，就明确表示所有处理的讨论，都是建立在格拉瑟有关"自恋"的"核心情意结"理论上。因此，她认为自我伤害是：（1）和理想化的母亲融为一体的幻想，因而能满足基本需要和对安全感的渴求；（2）但这融合带来自我可能被吞噬的恐惧，也担心可能被忽略；（3）这结果产生了可能消失无存的焦虑，因此需要自我保护而出现适当的防卫机制，包括退缩到一个安全和自我满足的空间（但这又带来被抛弃和自我解体的担心，产生忧郁、孤独和低自尊等问题，于是忍不住又渴求再一次的融合），也包括为自我保存而产生的攻击（试着摧毁强而有力，可能将它消灭无存的母亲，却也伴随着担心失去母亲或遭到她排斥的恐惧）。然而，母亲的不在意也会引发上述两种相同的防卫机制。因为这些反应重复出现，个体处在永远的矛盾下，最后，这一股攻击力量转向自身，自我伤害随之发生。

之四

不论赞同哪一种观点，前面提及的风土病和流行病，都是不可忽视的。

在我开始注意到这个问题以后，经常利用到各大学或中学辅导室（特别是女校）讨论其他个案的机会，询问在场的辅导老师、教官或导师，是否经常可以发现学校女同学手臂上有伤痕（虽然她们可能说是不小心割伤的），或即使夏天也坚持穿长袖的行为。令我十分讶异的是，大部分老师都遇到过这种情况，只不过对这种情形没有概念，不知道它代表的意义，往往只是简短地问候就让事情过去了。

于是，在我累积了相当多的经验，同时搜集了足够的相关文献后，开始将"自我伤害的处理"列为我的演讲题目之一。原则上，基于某些原因，我不太接受与医学相关的大众演讲，但很愿意接受辅导老师这类基层工作人员的邀约。每当有大学或中学辅导室联络我做专业讨论时，我将自己擅长的议题列给对方做选择，发现越来越多的学校都挑了有关自我伤害的题目。

对这类题目不只台北等大都会型的中等学校会关心，连彰化、台东等地也都反应热烈。每次演讲或研习会结束后，许多参与的老师或助人工作者都积极讲述他们曾经遇到的个案，我也渐渐发觉，原来在台湾，不论在哪个角落，自我伤害都是十分普遍却没人注意到的问题。

我的临床敏感度也就更加强了。每次遇到的个案，如果病史中曾经有暴食、厌食、拒学、内心空洞、药物滥用、性生活随便等行为，我便会主动询问他们过去（或现在）是否有过自我伤害的行为。

一位二十七岁的女性在听到我的这些问题时，露出惊讶的表情，说："你怎么会知道？我初中的时候，觉得心情很烦的时候，就在自己的房间，一直用头撞墙壁……"另一位年轻女孩则说，她那一群无可救药的初中朋友，没有一个人手臂上无伤痕。她还说，后来有一年在时尚杂志上看到日本新宿少女流行在手臂上缠绷带，她立刻想到，其实都和她们是同一类的少女，只不过是敢将伤口秀出来，又被愚蠢的记者认为是奇装异服的打扮罢了。

原来，自我伤害行为普遍的程度，远远超出我的想象，甚至到现在还无法判断究竟有多严重。自我伤害，看起来真的是一场

"沉默的瘟疫"。

之五

西方学者对自我伤害有一些初步的流行病学调查。在性别方面，近年来，男生有逐渐增多的倾向，但在男女比例上，女生是男生的五十倍，可以说是以女生为主。统计结果显示，自我伤害的比例在总人口中占 1.4%，也就是指女性自我伤害的比例是 2.8%；在社区大学全体学生中占 12%，同样是指女性社区大学学生占比高达 20% 以上。在有暴食或厌食等饮食疾患的人口中，自我伤害的人数甚至高达 35% ~ 40%。

同样，自我伤害的行为不是只有割伤自己，还包括：用尖锐物割皮肤（72%）、打捶自己、拉扯头发、用头去撞墙、过度用力压伤自己、咬自己的手臂、烫伤自己、破坏旧伤口、咬破唇舌或手指，更严重的还有挖掉自己的眼睛、切掉自己的肢体或生殖器，或是剥掉自己的皮肤（特别是脸部）。

前文提及的学者法瓦扎，在 1993 年的一篇论文里，将自我伤害做了进一步的分类。

（1）重大自我伤害：发生的频率不高，但身体某部位被去除或破坏，因而造成永久性的形体损毁。通常发生在精神病状态或急性药物中毒的情况下。

（2）刻板重复的自我伤害：即固定的自我伤害，通常是有周期性且刻板重复的，最常见的是撞打头部，包括以头撞墙或以物体打头。是机构中的智障者最常见的自伤行为，但也发生在自闭症、精神病或精神分裂症的患者身上。

（3）表层自我伤害：是情绪障碍的重要指标，不会造成生命危险或身体损毁，偶尔才发生，少有规则性重复的情形。但有些会发展为上瘾行为，甚至整个人脑海里一直有这种冲动。这也是青少年问题中最应注意的。这种情形又分成三种。

①强迫性自我伤害：扯头发、刺皮肤、擦皮肤，主要是去除主观意志中皮肤的缺点或瑕疵，是强迫症状的一部分。

②偶发性的自我伤害。

③重复性的自我伤害：与前者的差别在于程度。偶发性的自我伤害的人通常不知道这是怎么一回事，也不认为自己在自我伤害，经常出现在急性适应问题上。然而，偶发性可能发展为重复性，重复性自我伤害的个案甚至在没实施这种行为时，还不断想着这一行为，同时也承认自己是自我伤害。他们经常会形容这种行为像上瘾一样，无法停下来。

之六

《割腕的诱惑：停止自我伤害》是纽约著名的临床心理师史蒂芬·雷文克隆的著作。他过去是以擅长治疗厌食症和暴食症闻名的临床工作者。自我伤害行为虽然是这十多年才在西方世界逐渐受到注意的临床议题，相关的书籍却已有十多本。然而，在这些书中，有些是太偏学术的讨论（如法瓦扎的《身陷折磨的肉体》），有些则需要精神分析理论基础（如贾德娜的《自我伤害：心理治疗的处理方式》），有些只是简单的认知行为取向治疗而没处理根本的人格问题，如凯伦·孔泰罗和温迪·雷德合著的《身体伤害》，更多的则是仅止于现象的描述、诊断、药物等讨论而已。

然而，《割腕的诱惑：停止自我伤害》这本书虽然没用洋洋洒洒的文字描述这一症状相关的学术讨论（其实，这种学术讨论对个案、家属及基层助人工作者往往是没有实质帮助的），但是，书中对个案处理过程的细腻描述，分析面对问题时应该有的敏感度，随着治疗的进展可能出现的不同困难，面对家庭应注意的事项，还有一些与之相关的特殊议题（如性侵害等）应如何谨慎处理，等等，相关人士读来都是十分有益的。

从书中可以看出雷文克隆的治疗风格是有着精神分析取向的，但可贵的是，他描述这些现象和治疗过程时，几乎不用精神分析的专业术语，而是用尽可能浅白的文字来说明。文字虽然浅白，但他观察到的现象和描述的过程，是如此的细腻和思虑周到，十分叫人佩服。我在阅读的过程中，经常不自觉地沉浸在他的思维里，联想到我自己过去处理相同个案的经验。我原以为自己已经相当有经验了，可是看完这本书，才发觉自己疏忽了许多重要的细节。

雷文克隆的治疗风格，依我的猜测，应该是受到奥托·科恩伯格这位心理治疗大师的影响。科恩伯格是美国当今最具影响力的精神分析师。他受英国客体关系理论的影响，发展出自己的理论，对于自恋性人格和边缘性人格的治疗，有着突破性的影响。而雷文克隆在治疗自伤个案时，以精神分析（特别是客体关系理论）作为分析理解的参考依据，大量运用面质、自我揭露和立即同理支持，就是典型科恩伯格的风格。

之七

自我伤害究竟是怎么一回事？它可能好转或变得更糟吗？

的确，就我自己的经验，我十分同意雷文克隆的说法，这是一个至少需要两三年治疗时间的病症。

两三年的治疗，这样漫长的路途，乍听上去是让人沮丧的。只是，如果了解自我伤害其实是过去十多年来研究过程方向走偏的结果，我们就不会觉得用两三年来弥补十多年的成长问题是太遥远的路。

被英国的狗仔队发现有自我伤害和暴食、厌食问题的黛安娜王妃，其实接受过很长时间的治疗。有一张偷拍的照片，就是黛安娜刚好走出诊所后门，而她的女精神分析师站在门口送她出门。几年以后，大家都看到了黛安娜的改变。她不再是天真无邪的小女生，而是成熟娴静，永远可以真心微笑的女人。她不再在乎查尔斯王子的婚外情，而是跟威廉、哈利两位小王子有了更多亲密的互动，也开始参加有关儿童福利和反地雷等武器的诸多公益事务，甚至也开始追求自己的爱情了。

虽然黛安娜不幸车祸身亡,但她在去世前的种种迹象都显示,自我伤害行为不仅是可以治愈的,而且随着病情的改善,个人也更成熟,内在更提升。

自我伤害虽然悄然来袭,如沉默的瘟疫,不知不觉地出没在我们日常生活中任何可能的角落,但是,这"瘟疫"绝对不是绝症,只要我们愿意停下来倾听,愿意伸出援手,身陷其中的人便可停止自我伤害。

第三课

释放之门:校园生活的竞技场

标签

傍晚下班回到家，好不容易可以休息一下，电话录音机中传来的紧急信息却又让人一阵难过了。重复使用的磁带，声音有些沙哑，但还是可以听出陈耀爸爸慌慌张张的口气，他完全失去了昨天来门诊时，那副沉稳而严肃的父亲形象了。

陈耀被开除了。陈耀的爸爸从学校教官室打来电话，留下了这个出人意表的消息。

陈耀和其父母是昨天下午临时安排紧急会谈的个案。过去工作上经常合作的学校辅导老师因为担心他的情况不容易处理，所以就紧急转介到我这边来了。

学校辅导室的林老师表示，陈耀是个让他心疼又心痛的个案。将近一整学期的固定会谈，每次总以为终于建立起较深的信任关系了，陈耀却又闯了祸。林老师总是在训导处、教官室和导师之间斡旋，这样不定时爆发的难堪场面，使他终于觉得撑不下去了，于是紧急打了电话，安排这次晤谈。

陈耀的父母陪着陈耀来，心情有些忐忑不安。他们虽然也是典型中产阶级家庭，可也像一般民众一样对精神科医生总有些错误认识，担心陈耀是不是脑筋有问题，林老师才会要求他来我的门诊。

在门诊室里，我先倾听了陈耀父母的不安，偶尔给两句适当的解释。他们的情绪才稍稍缓和下来，之后却又忍不住抱怨起学校诸多的不当措施。虽然他们的述说出现许多重复的情绪，我仍可以在脑海中想象整个事件的来龙去脉。

陈耀只是一直望着窗外，一动也不动，连偶尔的问话都不回答，让人以为他是出神发呆了。

这样的沉默，堆积在我们两人之间。我从他父母的口中了解了他的事情，也就不急着要他回答我的问题，甚至逐渐减少了对他的问话以及问句里可能存在的压力了。我知道，彼此之间如果要建立真正的关系，有待日后一步一步的努力。毕竟，对陈耀这类敏感的青少年而言，过度急切的热心只不过是引起更多的嫌恶罢了。

昨天会谈的时间比一般个案会谈的时间都长。虽然彼此之间话并不多，我只是凭借着临床经验，告诉其父母陈耀的问题恐怕不是一两次的咨询就可以解决的。

然而，今天下午，距离第一次见面还不到二十四小时，陈耀又闯祸了。

原来陈耀在学校里又遇到了之前与他发生摩擦的教官了。他硬着脾气，在教官面前还是耍着原本的傲慢模样，根本不理会学校要求的敬礼动作，于是又让教官有了发怒抓狂的理由。

当然，被叫到教官室训话是可想而知的例行处罚和羞辱。只是偏偏不巧，（辅导老师在电话里也不禁要抓狂地说："怎么在这个敏感时刻，还故意带这些平常就敏感的玩意儿？"）被激怒的教官在陈耀的书包里搜到了一把锐利的弹簧刀，而他又爽快地承认是准备要去打架用的。于是，原先已经遭留校察看的陈耀，很快就被学校开除了。

立即开除其实是目前学校很少发生的事。一方面，开除处分会影响到教育主管单位对学校训导工作评鉴的成绩；另一方面，校方也会考虑学生的前途。通常，当一位学生可能因为成绩或品行而不得不退学时，学校会先通知家长，建议在退学以前先休学转校。

在台湾，每一位初中老师遇到的问题大致是相同的，除非是少数的私立学校。可是到了高中，随着中考分数的分级，学生也被分成不同类型，各有不同的文化。而各个高中或高职的文化是差异极大的。

陈耀就读的学校是这一地区有名的私立学校，以高升学率而赢得很多父母的信赖，也吸引了不少已经考上公立高中的学生。

然而，高升学率也不是凭空得来的。校长强悍的作风，以军校一般的严格纪律来管理学校；再加上一群年轻有干劲的老师朝夕加课，将三年的课程赶在两年内完成，最后一年则是重复不断的复习和模拟考试。

陈耀的中考表现失常。初中时，他是班上的佼佼者，虽然成绩只是前五名，但由于他的爽朗性格和天生的领袖气质，三年来一直都担任班长。可是，也因为他向来的杰出表现，从来都是潇洒的形象，给他造成了无形的压力，终于在考试前一个月变得焦躁不安和失眠，结果竟然因只低于公立高中最低录取分数两分而落榜了。

陈耀的父母说，这对陈耀的打击非常大。他们一开始也不能接受，不知道如何回答同事或亲戚们的询问，忍不住对儿子发了一段时间的脾气。等到察觉时，他已变得沉默寡言，整个暑假都窝在自己的房间里，将门紧紧锁住，成天只是睡觉或听广播或打游戏，拒绝接听任何初中同学的电话。这时，父母才发现这双重的伤害已经造成了。

前一天的门诊里，陈耀的父母有些自责地表示，也许是他们对成绩的过度在乎，忽略了他受伤的心灵，使得他到了这所私立高中后，一反过去稳重的成熟模样，虽然依旧是学校里的风云人物，只不过这一次是以乖张行为和顶撞教官而出名。偏巧，这所学校经常用杀鸡儆猴的管理方式，对新生先来一个"下马威"，因此陈耀入学不到一个月，就被贴上了"坏学生"的标签。

当陈耀的父母正讲着这半年来发生的种种变化时，陈耀只是不耐烦地站在窗口朝外望。他那种故意装出的坏模样，眼神里有点遮掩不住的沮丧，忽然让我联想到中学时代的一位好朋友。

中考的那一年，我们这个中部乡下小小的初中竟然有三个学生考上了重点高中，成为小镇的重大新闻，甚至在多年以后，这个空前绝后的纪录,还是小镇津津乐道的话题。可是半年以后,跟我一样也考上重点高中的好友开始对课业失去兴趣。

因当时分属不同的班级,我们彼此逐渐疏离,碰头的机会越来越少。直到高一结束,我们一起搭车返乡的漫长路途中,他忽然说起这半年来的心情。他说,他现在终于明白了所谓的"坏"学生有着怎样的处境。像他,因这半年学习表现不佳,忽然发觉班上每位老师的眼神竟是如此不公平地分配着。"不再有人会对一位'坏'学生有所期望了。"他说出这句话时,失落的眼神迄今还深深烙印在我的记忆里。

陈耀真的是坏学生吗?

我回想昨日的会谈,懊恼自己一定是少了一分的注意。其实陈耀的沉默不只是不信任大人,恐怕也包括内心更深处对自己巨大的失望。他潜意识里想毁掉这个让自己失望的陈耀,也想毁掉那些带给父母痛苦的仍对他抱有期望的心情。于是,他不自觉地去挑衅,不只是教官被激怒,而是让整个社会也被激怒,终于激起一股雷霆万钧的力量,将自己毁了。

我拨了一个电话给他的爸爸,想告诉他千万不要因为愤怒而让陈耀误以为没人对他抱有希望,先将紧急的事情处理完,再去追究所谓的"违反校规"的行为。

电话铃在另一端继续响着,没有人接听。我心里有些着急,也暗暗祈祷,千万不要又让一个孩子的挫折,变成一生永远无法回头的绝路了。

消失

  喘了一口气，最后一声"谢谢大家"，终于结束了这场演讲。掌声立刻响起，连礼堂远侧的另一端也传来响亮的拍击声。

  面对一群高中生，我实在是不知从何讲起。十六七岁是最有精力也最好动的年纪。当初，答应演讲的那一刻，我其实就后悔了。我知道中学生聚在一起时，情绪自然就会亢奋，人的心情势必浮躁起来，不可能因为演讲者的诚恳态度或丰富内容而聚精会神，除非是电视秀场紧凑又精彩的节奏。然而我自认没有这种天赋，也没有能力准备一连串的小笑话，将整场的演讲拉起一波未平一波又起的高潮，将同学澎湃的青春精力都吸引过来。我知道自己的演讲方式相当普通，甚至平淡到有点催眠效果。

  果然，刚刚站在讲台上不到几分钟，孩子们就按耐不住地低声讲话了。我发觉自己陷入了孤身与几百人拔河的困境，努力展现所有的魅力，终究还是挽不回颓势。演讲成了一场灾难，在学生们叽叽喳喳无限微小的声音中，逐渐点滴聚成的狂乱洪水，终于将我彻底淹没了。

我刚走下台，刚刚站上去的教官一声抑住怒气的口令，泛滥的洪水又迅速消失了。负责接待的黄老师引领我走过学生队伍旁，一脸抱歉的眼神中夹杂着几分的失望。

当初，就是黄老师给我打电话来要求安排演讲的。在电话里，我急忙拒绝，直截了当地告诉他，一位好的倾听者不一定就是好的演讲者，特别是对青少年而言。黄老师还是很客气地坚持着。也许，他误以为我的拒绝，只是客气的说辞罢了。终究，结果恐怕真的令他失望了。

我走过学生身旁，刚才因为青春而骚动不安的身躯，此刻正被迫冻结在严肃的气氛中。台上的教官以无声的怒视镇压着这些年轻生命，我知道是因为顾忌着我的存在。只要一跨出礼堂，所有的指责和谩骂都会立刻涌现。

"你们太让教官失望了……"我似乎在离开的那一刹那，隐约听见了。

我想起了曾经在门诊室里遇见的一位少年。他谈得很畅快，也很坦然。这是很难得的情形。通常来到门诊室的青少年不是倔强地紧紧闭着嘴，就是因为害羞或不知如何表达而深深沉默着，很少像他这样健谈。

我听着这位少年的叙述，除了偶尔抛出几个问题催促他做出更多的说明，其余时间几乎是沉默无语的倾听。直到最后，才以不经意的态度说："你看起来其实很有自己的一套想法嘛。"我说完顿了一下，看着他的眼睛，当他从原来畅谈时愉悦的眼神逐渐变为充满疑惑的眼神时，我又开口说："只是，好奇怪，为什么在学校里，还是跟大家一样呢？"

我指的是他来门诊的原因。当初，父母坚持要他来一趟门诊，就是因为学校抓到了他和一伙同学在学校附近连续偷摩托车。父母亲无法理解，孩子的零用钱不虞匮乏，为什么还要违法呢？

这位少年其实是敏感而聪明的，表达能力也相当不错。面对我抛出的问题，他的压力并没有持续太久，阴郁的眼神忽然一亮，整个人微笑开来，然后说了一声："你好诈喔！"最后一个字的音调稍稍拉高，利用半开玩笑的态度掩饰他极其不满的失望和些许的怒气。

我继续不置可否地微笑着。不能太焦躁而急着回答，免得产生做贼心虚的效果，使他更坚信自己向来对大人的看法；也不能充耳不闻，这样只会激起他更多的不满。最后，足够的停顿后，我终于说道："我是很狡诈。"

我是很狡诈的，我坦然告诉他，自己原本就预设了一个立场，在建立关系之后，希望能够听听他对自己偷摩托车的想法。我说："这真的很诈。但我也真的想听听你的说法。"其实，我大概也预测得到可能的说法。

在自己的团体里，没有一位青少年敢抗拒大家都同意的想法。哪怕这想法或提议，可能只是起哄或临时起意或只是其中一个人的唆使；哪怕这种行为是大家都觉得荒诞无知或违反法律与道德的。只是，在面对群体时，自己的想法就消失了。

青少年"个人的自我"是极其矛盾的结构。当个人的自我遇到了自己所排斥的他者时，整个自我变得十分顽强，几乎叫人误以为早已形成最坚硬的结构了。譬如，和父母顶嘴，或是遇到自己不喜欢的老师时。只是，当个人的自我遇见了同侪团体时，在一刹那间，一切的坚硬又分崩离析，立刻融入群体的自我，不再有个人的面貌。

譬如在学校的大礼堂里，当所有同学都聚在一起时，所有个人的自我就消失了。于是，如果台上站的是一位有着几个忠实听众的演讲者，几位听众的狂热就足以带动全场的气氛。同样，如果演讲者被视为对立的他者，自然就没有听众（即使他真的想听）敢以真实的自我，安安静静地不理其他听众而专心倾听。自然，当演讲者想以分享的方式和平等的地位面对群体中的个别自我时，也就显得极其不可行了。

门诊室里，我不只是想确认这位少年的问题是否与我预测的一致，我更想通过这样的交谈提出疑问：怎么回事呢，像他这样有自我想法的人，还是没法拒绝同侪的集体压力吗？当然，我从心理治疗的立场，内心也另外盘算着：也许，如果他对自己也有这样的疑惑，将是成长的下一个里程碑。

纸飞机乘风飞翔

我曾经的居所恰巧比邻大安高工，窗口正好对着学校的操场。如果准时下班回家，定坐书桌前，经常可以听见夜间部遥远的广播声。早上偶尔迟些上班，日间部升旗仪式上轰隆轰隆的扩音器，更是急切地催人快快出门。当然，最惨的是有运动会的周日，加装的高分贝喇叭，简直剥夺了人们慵懒的权利。

广播的噪声很讨人厌，恐怕每个居住在学校旁的居民都颇有同感。不过，既然学校的空间如此大而迂回，学生往往又是数以千计，高分贝的"暴力"也就不得不忍受了。然而，我想谈的却是噪声之外的另一种暴力，来自意志层面的。

我记得自己在花莲定居时，曾经应邀到某个高中演讲，大概是"考试压力的认识和处理"之类的内容，有点记不清楚了。不过，让人印象深刻的倒是权充演讲会场的庞大体育馆之类的建筑。

我对那次的演讲印象特别深刻，恐怕是因为一股说不出的挫折和羞辱吧。

我站在麦克风前，听见自己的声音从远方的高墙传过来，充满回音的空间，忽然令人害怕极了。我想到了自己的中学生涯，想到当年站着听讲的日子，不管内容如何，每次感觉总像是在经历被罚站一般的酷刑。直到今天，换我自己站在讲台上了，那梦魇依然不可避免地立即浮现眼前。

我知道针对数千位青少年的演讲，只有两种可能成功的风格。一种是希特勒式的，懂得用抑扬顿挫的语调营造出群众之间可能的慷慨激昂；另一种则是偶像式的，要有足够的姿态和知名度，适当地添加一些提神的笑话，然后再分享一点自己的亲身经历，制造出感人肺腑的效果。可惜的是，我是一位习惯聆听的医生，没站在镜子前花功夫学习一些慑人的手势，也没什么动人而伟大的小故事，更何况自己正急着要告诉这些面临高考的孩子们，如何不要被自己的紧张击垮了。

在那一刻，演讲会场开始骚动了。像小蜜蜂一般，虽然只是细微的嗡嗡声，累积起来的音量却是相当吓人的，我的嘴巴继续动着，眼睛却看见三四个教官开始分散在不同的角落巡视。我看见一个同学折了很帅的纸飞机，十分符合力学原则的结构，整段滑行异常平稳。然而，飞机还没落地，这位了不起的同学就被教官发现了。飞机掉下来，而他被罚站在队伍旁，窘迫得脸都红了。

我心想：天呀，这不就是当年的我？无聊的演讲、训话和军歌练习，每周一次的身心折磨，仿佛预告着这一周又是痛苦的开始。唯一的快乐就是传传纸条、讲讲悄悄话、偷偷翻阅自己爱看的书，偶尔得意放肆之际，才有扔纸飞机这类的高危险演出。那么，现在站在讲台上的我，不就是当年站在台下时最痛恨的那一个人？

也许是这样的痛苦经历，不愿让现在的自己成为过去的自己的刽子手，后来也就尽量拒绝到各种大型的中学演讲了。

直到住在大安高工的旁边，再次听见了那些站在青少年面前的人正拿着麦克风说话。我将这些大人的心情大概分为两种。

一种是外来的贵宾，可能是校方邀请的学者或专家，或是在运动会上致辞的家长代表。他们很清楚地知道自己面对的是一群非比寻常的听众，声调也就比平常刻意还温柔。然而，也因为这样的努力，总觉得带有几分讨好和紧张的意味。有些较夸张的，甚至还故作天真，讲了一些仅适合小学生听而让人起鸡皮疙瘩的话。

我曾经也是演讲者，知道自己面临相同的压力时也会出现想要讨好青少年的念头。故意用一点青少年的"行话"，或是讲两个蹩脚的笑话。但是，就像某一部电影里，那位小朋友坦白地回答："你们大人总想什么都和我们一样。"

我真的不是青少年，虽然可能是青少年某某问题的专家学者，却永远不是青少年。

记得刚开始担任主治医生，负责自己的门诊时，遇到一位初中女学生，爸爸妈妈带着来的。她一心一意想读艺校，以后当个歌星或演员，然而，问题是爸爸和妈妈都是知名大学的教授。

她板着脸，因为被强行带到精神科门诊而气愤得闷不吭声。

我使出浑身解数，忍不住想讨好她，于是就问她最喜欢的歌星是哪位。好不容易，她终于很酷地说了三个字："林志颖。"

那次会谈很失败，因为我将林志颖错认为了另一位歌手，故作老资格般寻找所谓的"共同话题"，结果就被她不屑的眼神给踢出局了。

后来我又遇到另一位同样是中学生的个案，她是立志要当"范晓萱"的。我这次学乖了，几年的思考和经验告诉我要讲实话，于是我很直接地表示没仔细听过范晓萱的歌，而且可能不太喜欢。诚实反而是另一种好方法，代表我真的愿意倾听，而且已经将她的喜欢当作一回事来思考了。一次的门诊虽然没法解决她的父母担心的问题，但至少她本人愿意再来谈谈了。

在扩音器里听到的另一种声音，则是来自学校老师。他们在大学毕业后刚刚当上老师时，也许还抱着想和青少年学生打成一片的心情。没多久，就像我自己的经历一样，发觉自己故作天真的模样是多么令人作呕，逐渐就麻木了。

偏偏很有趣的是，大部分的大人几乎都罹患了失忆症。年轻的时候，我们都痛恨教条式的教学和高压式的管教；等到自己长大以后，开始要长期与青少年相处时，当年最让人咬牙切齿的经历居然都忘了。

当一个人长大变成老师，变成学校的组长或教官，必须在最短的时间内处理数千人共同的问题时，各种充满敌意、鄙视、愤怒和羞辱的字眼，全都出现了。

麦克风发出的声音成为压迫的来源，每一分每一刻都在摧毁着每一位青少年的自尊心，让日后的自己永远怀疑个人的能力和价值，所谓有益于身心健康的教育也就成为一种奢侈的期待了。

在对青少年的管理中，意志的暴力是非常巧妙地暗藏在内的，一切都可以因为强调秩序、安全和前途，而为所欲为了。

我住在大安高工的旁边，一个很好的观察环境。我相信这所学校只是台湾成千所大型高中的其中之一，也是管理较佳的一所。只是，当所有的学校教育都是讲求大型而有效率时，在学生的意志层面所施加的暴力也就不可避免了。

新新人类更幸福吗

之一

对孩子的成长最重要的家庭，如今其功能正在发生变化。

在乡下的学校，小学或初中的老师经常抱怨在家访时，许多学生都是和祖父母在一起，而父母亲则是在大城市工作，一年难得回来几次。然而，年迈的祖父母管不了青少年，出了问题也只好算了。

有些家庭中，失业或酗酒的父亲往往又带来更大的不安，除了家庭气氛紧张，孩子没有快乐的成长环境以外，更不幸的状况是家庭暴力和离婚问题。在这种情况下，社会适应能力较好的孩子便以逃离家庭的方式来寻求其他的抚慰渠道，也就是打游戏、飙车等；社会适应能力较差的孩子只好留在家里，成为这个家庭一切不幸的代罪羔羊，即使日后长大也失去了对自己的信心。

对于功能越来越破碎的家庭，特别是这些无法提供给子女避风港功能的环境，很快地将青少年排挤到外界来。再加上这些年来，很多学校的功能越来越萎缩，根本容不下这些失去家庭的青少年，青少年只好走到街头来了。家庭的父母和学校的师长都没办法给予他们真正贴到心坎的关心，甚至连自己也因社会压力而不时地怀恨或颓废，这样长大的孩子性格上大都存在一定的缺陷。

此外，随着青少年的问题日益增加，许多尽职的父母感到外界的威胁，也就越来越战战兢兢了。尤其近年来，随着经济和时间的压力增加，很重视家庭功能的夫妻恐怕越来越觉得教养孩子的不易，平均生育的孩子通常不到两个，甚至只有一个，也就发生"万千宠爱在一身"的现象了。

父母们的担心在出发点上是正确的，但是，因为担心而产生的不放心态度，成了许多问题的来源。

在这种家庭长大的孩子，在处理人际关系时，自然就学会了利用父母的这种不放心来达到予取予求的目的。在家里，他是全家人心情起伏的关键。然而，到了外面，他表面上一副"酷酷"的模样，其实只是一种没有信心的表现。这种既自大又自卑的心理，也就是我们目前"酷"文化的一部分。

相对于这些擅长利用父母的青少年，许多对人际关系不是这么敏感的青少年，则是被家庭的爱和不安所捆绑了。他们的人生从一开始的吃奶、吃饭，就被安排得好好的，甚至连脑袋该想什么也是被安排的。这些孩子长大以后，父母经常抱怨他们太被动了，闽南话称其为"懦性"。殊不知，从生下来，他们的一切都被安排好了，也失去了自己思考人生的机会，当然没有成长的动力了。

然而，这一切保护和不放心，随着他们不得不自我成长，使得他们在独立和依赖之间挣扎,产生和家庭撕裂时血肉淋漓的痛苦,从而带来更混乱的叛逆期。

之二

因为家庭功能的两极化,我们对青少年的成长恐怕要用至少两种以上的模式来看待,而非单一的成长模式。

然而有趣的是,这些有着不同家庭环境与成长轨迹的青少年,一旦释放走上社会,都崇尚"酷"的文化。

"酷"是一种外在行为的总称,其中包括了在人际关系上拒绝贴心的亲密,对别人的内心无法同理地去感受,对外在事物充满恐惧。同时又不愿流露出恐惧的表现而让别人看不起,便采取一种保持距离的自我保护的方式。

这样的文化反映在男女关系上或男女差异上,有些不同于传统的男女,但也不是全然不同。

在男性方面,虽然新新人类中有更多的人做到了男女之间彼此尊重,但是,亲密关系的课题还是一大难关。更让人担心的是,一群自幼就被社会和家庭抛弃的青少年,他们自己成长,自己在人的丛林中幸存下来,学会了弱肉强食,所有的人际关系(包括两性关系)也就陷入了这种极端的权力宰制状态。

在女性方面,同样有着冷漠地看待人际关系、以生存为唯一法则的特点。然而,不只是这一点类似于男性,其他女性最大的改变就是越来越男性化了。许多优势是传统男性特有的,如今也可以在女性身上看到了：独立、果决、爽朗、酷……这样的演变是应该的，但是，该努力迈向前的道路并不仅止于此。男性因为这些优势而无法面对自己的亲密关系，而女性不也如此吗？而且，虽然有了一些优势上的平等，但这并不代表男女就平等了。传统的价值观，毕竟还是根深蒂固地存在于现代生活中，展现了它的影响，虽然社会上出现了新的问题，但旧的问题并不会那么容易就消失。

新新人类会究竟怎样？他们有什么不同？又有什么问题延续着上一代的困扰？这是永远需要思考的。

开启杀人之门，释放内心的困兽

如果看完东野圭吾的《杀人之门》，想必你也和我一样，对书中的"我"，也就是田岛和幸，感到十分熟悉。

曾经有一位初中二年级学生被带到我的诊所，他整个身躯几乎要从诊疗椅上找到缝隙隐身消失。父母的沮丧虽然强烈，也掩不住他们的羞怒。原来他们的孩子在学校勒索同学，虽然不是太严重，对方家长也原谅了，校方还是要求他们做适当的处置，他们也就出现在这里了。

"怎样的勒索呢？"我问这位初中生。极其恐惧的他好不容易开了口，却又不知从何说起。他的结巴和紧张，绝不是刚刚被吓的，他应该原本就有容易焦虑的内向特质，只不过遇到紧张的情境又加重了。

"勒索"原来是他帮班上的"大哥"跑腿，去跟另一位和他一样内向的孩子"借"钱。去年升二年级时，学校重新分班，他要去面对一批从没见过面的同学，简直是吓坏了。这是他长年以来的问题，每次到新环境，他都要花很久的时间才能适应。再加上轻微的口吃，让他甚至不敢与同学聊天，唯恐有人问起话时，会发现他紧张得讲不出话。

他在初一时就被其他同学欺负了。一开始是要他帮忙跑腿去买零食饮料；后来连钱也不给他，就说先欠一下以后会还。有一次，被欠许多钱的他终于鼓起勇气开口说没钱了，还来不及说让他们还钱，那几个同学就已经大声嘲笑，他也紧张得什么都说不出来了。他觉得丢脸极了，那个晚上完全没法入睡，也第一次从爸爸的口袋偷了一张百元钞票。幸亏初一结束，分班后他不用见到那几个老是使唤他、占他便宜的同学，他的确是松了一口气。可是面对几十个陌生的同学，他又有点不知所措。

在这个新的班级待了没多久，班上那一群嚣张的家伙便结成一党，他就又被使唤买饮料且拿不到钱了。他鼓起勇气向父母讲明，再也不偷钱填补那些需求了。父母第一次听到这样的事，立刻反映给了老师，那几个家伙被叫到训导处给狠狠挨了一顿训，连他们的父母也被叫了来。终于，他觉得自己有一股以前从来都没有的成就与自信。只是好日子并没有维持很久。那些同学虽然不再叫他跑腿，却是用嘲弄的口气说："哇！那个真正厉害的家伙来了，好可怕，好可怕哦。""怎么没带你爸妈一起来上学呢？"不只那几个同学，甚至班上大部分的同学都是用同样的眼光看他——至少他的感觉是这样。

他开始明白，原来父母和师长的帮助，都是暂时的。一场震怒，终究有消失的时刻，而校园里弱肉强食的生态，却不会因为你几天的惊人雷电就改变了。

其实他是孤独的。

他需要朋友,即使是最差劲的朋友也无所谓。也许这就是当初那些坏同学找他,甚至拿他像傻瓜一样使唤,他也甘之如饴的缘故。他从来都没有太多朋友,小学那些同学只是因为抢着当老师眼中的"乖宝宝"好好表现,才对他这个可怜的家伙表现出大好人的模样。他只是朋友们表现的工具,只是陪衬。从来没有人需要他,只有他需要别人。这些使唤他的坏家伙,虽然可能是居心不良的,但让他有了被需要的成就感。

于是,他开始跟在这一群欺负他的人身边,开始跟他们同进同出。他觉得威风极了,班上再也没有人敢看不起他。就这样,他开始为"老大们"跑腿,包括帮忙勒索等。东野圭吾《杀人之门》里的田岛,在中学以前也有类似的处境:一个寂寞、不被关注的孩子,内心充满了孤独和不安全感,于是积极去迎合朋友。

1985年,以《放学后》获江户川乱步奖的东野圭吾,似乎对校园文化有着深深的着迷,此后又写了《毕业》《学生街的日子》等。有推理小说评论家认为,东野当初之所以投身推理小说创作,就是因为读了小峰元的《阿基米德借刀杀人》而被触动。这部作品也是校园推理小说。也许东野圭吾只是因为注意到日本社会20世纪80年代以后越来越复杂的校园问题(从凌虐杀人到拒学茧居等)而开始了推理小说的创作。被视为本格派推理小说家的东野圭吾,就这一点而言,似乎也可以称为社会派,或者是试图结合这两派的推理小说作家。

我前面提到的个案只是其中一个例子，在当今社会，校园霸凌问题有越来越严重的趋势。

2005年8月底，台湾儿福联盟发表了"儿童校园非肢体霸凌现况调查"。霸凌是英语单词"bully"的音译，指的是人们之间利用权力的不对等来对他人进行欺凌与压迫，产生可能长期持续的恶意欺辱。肢体上的欺负容易发现也就容易制止，但是非肢体的霸凌不但复杂，也不容易处理。

遭遇非肢体霸凌以后，这些孩子未来又会怎样呢？

像我前面提到的那位个案，他也许因为胆怯，再也得不到父母或老师的支持了。他不知道怎么去面对外在世界，只好将自己封闭起来，成为像《电车男》里的男主角山田刚司这样的"宅男"，在现实世界中永远是一个人，只有在网络里自己的表情不会被看到，自己声音泄露的情绪也不会被听到。在这样的情况下，才能用文字来交到朋友。如果再严重一点，可能就会变成整天在家不出门的"御宅族"或"茧居族"，像《池袋西口公园》里专门帮男主角通过房间窗户进行监视的森永和范。但是还有一种可能，就是像《杀人之门》里的田岛和幸，慢慢靠向"弱肉强食"的生命法则。

田岛的成长过程充斥着一连串的失败。身为牙医和家族继承人的父亲，其太太离家出走，爱情再三受考验，事业一蹶不振，最后散尽了家业，终日酗酒，成为别人的笑话。面对这样失败的父亲，田岛的童年恐怕是充满自我怀疑的：原来那么伟大的父亲，最后也不过是个废人，那么流着和他一样血液的我，现在即使对有些事物感到自信，会不会也是假象，人生终究还是如宿命般势必一无所成？更何况，自己是连妈妈都不要的孩子。

面对家里的状况如此，面对外面的世界更是如此。家族的失败是社区里众人皆知的八卦，于是田岛在同学面前永远抬不起头，甚至转学了也不见得能摆脱。更何况他自己也没什么优点：既没有好的成绩，也不是学校的风云人物，更不是田径场上抢眼的运动高手。或者说，每天眼睁睁看着"伟大的爸爸"的失败，不可能有任何对自己未来的信心，也就不可能有任何的成就了。

忽然，有仓持这样的"正常"同学出现，所有自己无法满足的期待，都投射到这位同学的身上。仓持家世虽不怎样，但功课很好，人际关系尤其不错。他显然是擅长社交的，田岛和他比起来，简直是孩子和大人的差别。没人理睬的田岛，内心的孤独和自我怀疑是可想而知的。因此，当仓持接纳他为朋友时，田岛是多么高兴。

田岛是如此孤独，对仓持的需要是如此强烈。田岛从小到大不断被仓持欺骗：小学时玩五子棋被诈赌，冒名替同学收到二十三封写着"杀"的明信片；高中打工时自己爱慕的阳子被抢劫甚至造成她后来的自杀；进入社会后被骗入不同的直销机构，也被骗入一场虚设的婚姻……虽然每一次都是百般信任仓持，最后却落到被骗得一无所有的下场。这样的遭遇，几乎都可以激起想要报复的心态,甚至玉石俱焚都无所谓。这时的田岛,自然就将自己推向了"杀人之门",甚至有时准备好就要行动了,譬如初中时含汞鲷鱼烧的计划。只是,即使所受的委屈是十分令人愤怒甚至抓狂的,但是从小家庭还算健全时,身为孩子而获得父母些许关心建立起来的"善的本质",又将田岛拉回理智,终于没跨入"杀人之门"。

杀人是很容易浮现的念头。家庭破碎后转学的田岛,因为是转校生,遭到以加藤为首的一群同学的集体霸凌,当时就出现了这样的念头:我要杀掉你们,我总有一天要杀掉全班的人!只是真正的行动却很容易受到内心深处的善念和外在社会杀人行为的不易而阻挡、延缓。

然而,仓持如鬼魂一样挥之不去,总是在田岛好不容易打消对他报复的念头后,又缠上身来。当田岛的善良再度受骗,一次次被推向"杀人之门",终有一天还是会跨进门槛的。

1999年4月20日,美国科罗拉多州科伦拜高中发生了震惊全国的枪击案,十五人死亡,二十三人送医急救。杀人的那两位同学,其实就是田岛和幸这样不惹眼的人。同样的情形也出现在了美国弗吉尼亚科技大学,2007年,一位独行的韩裔男子持枪杀了同校同学。

杀人原本很难,只是内心的善良逐渐死亡后,人的心就会像困兽一样,终将要最后一搏。像科伦拜高中的那两位同学,他们在杀人之后也自杀了,是存心同归于尽而不惧的。

《杀人之门》这个故事诉说着人的善良如何被社会结构一步一步摧毁，乍看之下似乎有些不可思议，其实是十分写实的。

我看着眼前这位初二的学生，不禁担忧起他未来还十分漫长的人生。他可以在校园里快乐起来吗？他可以跨进竞争更激烈的世界吗？还有，他的父母可以理解现在的初中校园，在他们的儿子眼中，其实是十分恐怖紧张、绝不输游乐园的鬼屋的地方吗？在咨询室里，不知是否有些晚了，忽然觉得光线不足，黑暗开始笼罩上来。

延伸阅读

《放学后》（2017），东野圭吾著，南海出版公司。

《杀人之门》（2015），东野圭吾著，南海出版公司。

《电车男》（2005），中野独人著，学林出版社。

《池袋西口公园》（2021），石田衣良著，上海人民出版社。

《阿基米德借刀杀人》（2001），小峰元著，时代文艺出版社。

《毕业》（2019），东野圭吾著，南海出版公司。

《学生街的日子》（2018），东野圭吾著，南海出版公司。

第四课

自我历练：在社会的跑道上

爱丽丝不愿离开仙境

入夏的阳明山，午后背阳的葱绿后山，无数的秘密气孔忽然开启，整个山谷洋溢着一股沁凉的欢乐。远远的登山道，一群人慢慢走下山，没有太多吵闹，却是一点也不沉静。

难得公司组织一起出游，且天时地利。小湜的脸庞紧紧挨着妈妈的后肩，也开心地笑了。

妈妈是公司里的重要主管，这一群人也都唯她马首是瞻。大家不断揣测她的心思，竞相询问是否需要休息、是否需要帮忙，不放弃片刻献殷勤的机会。

小湜跟在一旁，欢喜地看着自己崇拜的妈妈，一切的应答都在不卑不亢的微笑中流露无遗。当然，小湜也不免成了众人赞美的对象。

读台大呢，已经大学四年级了，居然还这么乖巧地陪着妈妈，对每一位同行的长辈都是彬彬有礼的。

小湜有点得意，却又立刻对自己的得意感到害羞，便低下头。偶尔遇见妈妈公司里今年新进的员工，几个刚刚高中毕业的年轻女生，正利落熟练地处理着一切郊游中的大小事宜，她又不禁难过了。

天哪，她们高中刚毕业，比自己整整小了三岁，为什么那般成熟呢？

更让人难过的是，她们总是用十分亲切的眼神，刻意用嗲嗲的声音问小湜："妹妹好漂亮哦，读哪一所高中呢？"

自己已经读大学四年级了，为什么这些比她还年幼的女生竟然会这么问呢？她的心情不禁随着下坡的阶梯而迅速跌落，几乎撞进了幽深的山谷。

妈妈可以感觉到女儿似乎是难过了。虽然小湜还是嘻嘻哈哈的，一路跟同事们有说有笑，但是，敏锐的妈妈立刻感觉到一些微妙的差异。是笑容较不自然了，还是整个身体动作太夸张了？走在山径上，偶尔一回头瞧见小湜快乐的眼神，她又觉得可能是自己多疑了。

整整一天的夏游，在晚上的聚餐结束以后，终于各自回家。小湜一踏进门，顺口说要换衣服，就躲进自己房间了。

她静静地看着镜子里的自己，削薄的整齐短发、白色蕾丝边的公主装，一脸天真无邪的模样，忽然眼泪流淌不止。镜子里的自己，居然跟五六年前读高中时的打扮一样，甚至与十多年前还在读小学的自己相比，都是同样的风格与穿着，区别不过是衣服尺寸随着年龄而加大罢了。

到了门诊的小湜，已经无法自拔地跌入忧郁的深谷。她担心地问,自己是不是走不出《绿野仙踪》的多萝茜,是不是永远停留在仙境漫游的爱丽丝?

其实,严格说来,她是大二的学生。以高分的成绩顺利考上这所大学以后,班上的同学都仿佛解放了一般,欢欣地享受自由,而她却在突然失去了要求和命令以后,不知如何活下去。她陆续休学了两次,可是家里的人,也包括她自己在内,都默契十足地继续宣称她顺利升大三、大四了。

系上有许多刚刚学成归国的年轻老师,讲的都是国外最先进的思潮,自然也带动了同学们求知的狂热,甚至许多堂课上都挤满了其他系风闻而来的学生。

第一年,她也跟着大家选了这些课。

她想当然地坐在教室的第一排,这是典型的乖乖女的行为。然而,当教室四周涌上热烈的讨论时,她却几乎插不上嘴,仿佛是全面炮火中唯一的净土。女性主义、酷儿理论、多元文化……这一切离她原来的世界实在是太遥远了,甚至充满了矛盾。她以为保持静默就可以解决一切,只是,即使她不想发言,上课讨论的一切,偶尔还是有只字片语飘落在她脑海里,开始发酵,开始作用,慢慢地,动摇了她从小就坚信不疑的乖乖女的人生观了。

怎么可能这样呢?难道以往妈妈和长辈们的想法全错了?不行,要尊重自己的家长,要忠厚孝顺,怎么可以有这种背叛长辈的念头。

然而，她想站起来反驳时，却又觉得同学的讨论确实有一点道理。脑海里出现两个声音，相互矛盾，却都找不出任何错误。

在这样的矛盾下，她陷入了沮丧的幽谷，两次休学，只能再回到妈妈的怀抱里。

后来，不自觉地，她越来越多地选择上系上老一辈师长的课。坐在这些仿佛是父母的老师们的教室里，她上起课来习惯多了，就像在家里。她只要乖乖听话，安静地坐在第一排，然后仔细地整理笔记，就可以从年长老师们怜爱的眼神中，确定自己依然是完美而杰出的。

就像一个人坐在房间里的她，看着镜子里的自己：干净、可爱、乖巧。这些美好的夸赞用词，可以让她振奋起来，肯定自己的好。然而这些用词对她而言，似乎又太年幼了。

妈妈公司里那些比自己年幼的新员工，她们竟然对迎面走来的登山的男士品头论足，甚至还从他们的体力公然评估可能的性能力。天哪，多么丢脸的肮脏话题。可是她又忍不住想起那些年轻女子的谈话内容。这样的念头一出现，她立刻又不准自己想。她只能天真无邪地笑笑，像洋娃娃一样，仿佛什么也听不懂。

可是，在门诊里，小湜哭了。她说：一半的我，好想跟她们一样，可以谈恋爱，谈谈男生的话题。可是，另一半的我，想继续待在妈妈的怀抱里。

在会谈时，小湜忽然抬起头，四处看看门诊室。一阵宁静后，她问："会不会永远走不出去呢？"她这个问题，就像急着往前走的多萝茜问道："会不会走不出这一畦与外界的时间和空间都隔绝的魔幻世界呢？"

我有点难过，却又觉得高兴。如果她发现魔幻世界就是她身处的空间，这也表示她知道这个世界之外还有不同的世界。知道了宇宙之间有其他世界的存在，要走出去也就不太难了。

善意的囚牢

　　台北来的客机正要降落，逼近地面的巨大身影，感觉几乎要贴近屋顶了。隆隆的噪声里，砖造的平房却丝毫没有动摇，屋子里的人们照常嬉戏或工作。盛开的天人菊在掠过的阴影下，依旧绽放着。

　　我们敲门，跨进门槛，立刻感觉到了屋子里冷漠的对抗气氛。老祖母踽踽走来，典型澎湖腔的沉重口音，不悦地问道："汝（你）到底要做啥米（什么）？"

　　这一趟来澎湖，是几个月前同事的邀约。她说，有没有兴趣去演讲呢？后来，负责澎湖学校辅导研习营的老师打来电话。我提议了几个题目，譬如行为偏差辅导、考试焦虑等。电话那头稍稍迟顿了一下，主动问是否可以谈谈校园里的艾滋病预防问题。

　　校园里的艾滋病预防问题？我才想起多年前轰动一时的社会新闻。一时间，我不知自己对这个话题是否有足够的了解，也就没立刻答应。

　　研讨会安排在星期一，我在周末的早上就来到马公了。整座岛屿依然美丽，工艺品店和海鲜铺繁华依旧，我去探望经营"澎湖故事书"的朋友丘缓，虽然他的店迁到另一个码头了，与他们一家人还是一样熟稔。

多少年前，我曾经来支援这里的医院。那是即将进入寒冬的季节，我一个人住在马公市郊外安宅村旁的精神科病房。空旷的岛屿，让我忍受不住冬夜的冷清，经常骑着摩托车游荡，恍如飘浮在强劲的海风里，只为到丘缓夫妻刚刚开始经营的小店，索取些许的温暖。

冬天的劲风几乎阻断了居民的来往，而夏天喧嚣的观光客又冲散了好不容易凝聚的些许邻里之情。

再一次回到马公，周日的清晨就早早来到艾滋病毒携带者阿宏的家。

我只是想了解，当年因为媒体曝光，一切隐私都被剥夺的那位因为输血而感染艾滋病的小婴儿怎么样了？近来可好？

我内心有许多揣测，想象现在的他正值青春年少，究竟会有着怎样的个性？我依据过去的资料及他这些年来的成长环境，脑海里酝酿着各种极端差异的假设，这些是临床的基本训练。只是，这一切假设，在我站在他家门口的那一刹那，全被推翻了。

也许是自己医生的身份，也许是之前长期和他家人保持联系的社工张丽玉帮忙打过招呼，我的来访终于获得了他家人的同意。阿宏的弟弟妹妹在客厅里快乐地玩耍，在每一张找得到的纸张上绘出各种图案,而阿宏早已经闪回自己的房间里了。

一个人坐在有些阴暗的床铺上,逆光的角度还是可以感觉到他惊慌的眼神。我很努力地尝试与他交谈,然而沟通的难度远远超过了我的预期。

我忘了是通过怎样的关键点才终于打破僵局的,也许是在他告诉我立志要当警察,也许是我坦然谈到我来的目的。

在任何社会领域里,人们往往将阿宏这样的艾滋病病毒携带者边缘化。他们必须隐藏自己的部分真实情况,永远无法自在地处在普通的社会情境里。甚至,即使是做好足够的心理建设了,决定站出来以自身经验作为大众的教材,但在媒体的关心热潮消退后,往往发现自己必须面临周遭亲友及外人异样的眼光。

阿宏的情况在他小学阶段又一次被曝光。班上的同学,即便是一直关心阿宏的那些邻居,也都一一转校,最后只剩阿宏一人。政府部门工作人员、相关团体和媒体工作者在对阿宏及其家人进行了慰问后,相继离开,一切回到原点,都没改变。

社会学者早已指出,所谓的歧视,其实比我们想象的更广泛。特别是"天真无知的歧视",会不自觉地将对方特殊化,这个过程自己往往无从察觉,有时甚至还自以为是善的举动。

后来,阿宏的妈妈谈到了媒体对他们造成的伤害,某个电视台在采访前,明明答应不拍摄任何画面,没隔多久,他们却在电视上看到了自己的影像。也许纯朴的他们,永远都不知道假装只是放在膝盖上的摄影机,其实是照常运转的。

那次的电视节目播出以后,阿宏再也没去过马公市,甚至极少出门了。除了每天接送他上学的父亲,学校里还有一位一直支持他的王老师和后来陆续转学回来的五位同学。然而,放学后的阿宏依然将自己藏在屋子里。

那一天下午,我们终于约好到鲸鱼洞走走。这个决定是相当不容易做出的。从他快速闪过的眼神,可以看出他内心正剧烈地挣扎着。一方面,他多么盼望有出去走走的机会;另一方面,又害怕任何可能遇到的眼神。当然,也害怕陌生的我们,和我们手上的相机。有太多的"好人"做了太多他不了解的事。

我们走在小门屿的海边草原上。同行的负责摄影的朋友将照相机交给他,才足以让他放心。然而,他还是忍不住频频回头,望望后头的妈妈,似乎那才是真正的安全基地。他虽然十二岁了,但是,强烈的分离焦虑混合着陌生焦虑给他带来了极大的不安全感,这应该是四五岁的孩子才会有的反应。

一群游客迎面走来,走在旁边的我立刻察觉到他在微微颤抖。我站在一旁,有一点激将式地鼓励他:拿起相机,将他们拍摄下来。他却因害臊闪躲了。直到几次重复的练习,正回头时,他才好不容易躲在我背后,偷偷拍了在海边凉亭休息的三位警员——隔着极其遥远的距离。

照相机本来就是充满了心理意义的装置。拍摄的动作曾经在19世纪被视为勾魂摄魄的巫术,并非是全然没道理的。至少,就心理的潜在机制而言，这是一种隐藏的攻击性。如果有机会分析喜欢摄影的朋友们，恐怕在他们无畏的拍摄动作里，其实有着更深层的社交恐惧，而相机只是保护自我的面具罢了。

然而，对阿宏而言，即使是拥有了这个兼具攻击功能和保护作用的工具，他的害怕还是压抑了自己的积极性。

在散步的过程，阿宏的妈妈也一直处于恐慌的状态。她说，自从电视上播出偷拍的专题以后，无论走到哪里都可以感觉到人们偷窥的眼神。自然而然，在告诉我们这些事情的同时，她也忍不住随时注意着我们是否还偷藏着第二台照相机。

后来我们绕到西屿灯台。这里是游客们到澎湖必游的景点。阿宏的妈妈说，自从随丈夫到澎湖，这些地方从没机会来过。说出这句话的时候，她没有任何哀怨，而是天生认命的任劳任怨。

阿宏则是一直亢奋着。因为，从数年前某基金会的鲍叔叔带他出门后，除了到台北检查身体，再也没敢外出到处走走了。

轰动一时的新闻事件结束了，许多善意的举动却留下了抹不去的伤害。媒体的关怀和社会的善意，打造了一座无形的囚牢，让阿宏无法走出去。

星期一的辅导研习会，澎湖许多的初中和小学的校长或主任都出席了，连教育局局长也从头到尾未曾离席。我可以感觉到大家诚恳的善意，对学校的期待，还有在重重无力感中依然坚持的努力。

我将研习会的题目改为"少年与社会"，从青少年与成人世界之间经常出现的格格不入感谈起。

　　社会正激烈变化着，家庭的功能因为家庭成本的提升而被迫减少了。那些提早从家庭中走出来的青少年，究竟奔向何方呢？

　　这是一个必须坐下来好好思考的问题。我们大人们总以为自己将最好的一切都给了他们，却常常忘了即使是善意，也可能造成无限的伤害。阿宏身处的那一座看不见的囚牢，不就是由善心打造出来的吗？

　　飞机隆隆飞过，说不出来的压迫感正从空中不断掠过。

男孩不能哭吗

我一个朋友因为妻子工作的关系,独自带着两个儿子与朋友一起去登山。一路上,他不时地说:"诚诚不可以哭,男生啊,看哥哥是怎么做的,多棒。"一会儿又说:"哥哥要照顾弟弟呀,自己要做好榜样。知道吗?弟弟发生任何事,都是你的责任。"走在山路上,他忽然变得像统领三军的大元帅。朋友们笑说,以前他妻子在的时候,他可是自顾自地走路,连二等兵都谈不上。

男生不要哭,男生要厉害,男生要有尊严,男生要负起责任……似乎,只要身为男生就有一大堆的准则去依循。尽管很多人质疑这样的性别教育,但依然有很多父母这样教育儿子。

我曾经问过一位在大学任教的朋友,学生时代都一起十分支持男女平等的,他反问我说:"可是应该教育成什么样,孩子才不会被质疑和嘲笑呢?"一起爬山的这位朋友更夸张,他向来在公司是以领导力强闻名的主管,坚持对两个儿子进行更严厉的教育,这是因为他十二岁那年就带着八岁的弟弟投靠在美国的姑姑家,祖父便要求他身兼父职:"只要弟弟犯了错,就是你没教好。"他认为当年在海外生活虽然辛苦，可是，这一套管教方式却培养了他雷厉风行的做事风格。

"因为要生存，所以要竞争。"似乎已成为我们对男孩们从小就开始有无限要求的原因。然而，这种对男孩压抑自己的情绪给予无限赞许的教养理由，真的存在吗？

在20世纪80年代，大家开始意识到男女教养方式的差异时，强调的是"男女的差异是后天文化鼓励而成的"。女孩玩芭比娃娃，男孩玩战争游戏，是牢不可撼的性别角色，通过包括媒体和父母教养态度在内的社会文化，一代又一代复制下去。只是，如果以这样的方式进行教育，孩子长大以后，如何去面对对男女角色有着刻板要求的世界呢？这是我那位当年也参与男女平权运动的朋友的困惑。

当然，这是很复杂也很庞大的一个讨论。"（男）人就一定要竞争吗？""要想成功就一定要刚强或压抑情绪吗？""成功的定义到底是什么？"等一大堆更根本的问题接踵而来。

当面对不确定的未来时，很多父母，不论保守还是曾经进步的，都选择了威胁最小的一条路，当然也是约定俗成的、最没有创意的一条路。

然而，回到男人的情绪这个议题：这不只是事业成功的问题，还是家庭是否幸福，个人是否感到快乐的问题。

男人情绪的影响面当然不只是事业成功与否。在《该隐的封印：揭开男孩世界的残酷文化》一书中就清楚地提出了这一点。

在《儿子，你尽管说：男孩情感培养完全手册》里，身为心理治疗师兼发展心理学者的作者玛丽·鲍尔斯－林琦也清楚地说明了这一点。男性如果将自己局限于事业，成为仅仅只会工作的动物，未免太悲哀了。

鲍尔斯在书中进一步提出如何帮助男孩处理情绪，如何避免不必要的压抑。她依循处于不同年龄段的男孩的特点，提出了更具体的建议，十分贴近父母或师长的立场，自然也就更为可行。

男孩不能哭吗？希望有一天每个人都回答"能"。因为，有泪的男孩，是有血有肉，也有能力的男孩。

延伸阅读

《儿子，你尽管说：男孩情感培养完全手册》（2006），玛丽·鲍尔斯－林琦著，京华出版社。

走进另一个世界

很多认识或不认识的朋友总是对我的职业感到好奇，经常很体贴地问我会不会压力很大。我没有当过外科或妇产科医生，不知道精神科医生的压力与他们相比会不会特别大。但是，至少，我可以肯定地说，精神科的门诊的每个个案背后的故事其实都比很多小说还曲折。

曾经看过一本青少年小说《我是跑马场老板》，故事是关于一位轻度智力障碍的少年，他叫安迪。故事通过安迪对这个世界的理解方式来进行叙述。因为他不够聪明，很多事情反而显得纯真，不再需要争得头破血流。

在门诊中，像安迪这样的孩子并不少见。只是，他们比安迪不幸太多了。

我的很多个案，通常都是父母带他们来的。这些孩子有的正读幼儿园，有的上了小学，有的已经升上高职的特殊技艺班。有一对忧心忡忡的父母十分焦虑地说，不知为什么孩子总是在学校闯祸，惹得老师和其他同学的爸爸妈妈抱怨不已。

原来，在学校里，他常常玩到很兴奋时就忍不住推人一把，或是上课上到一半就叽里呱啦找同学聊天，破坏了课堂秩序。甚至，更严重的，稍稍不顺他的意，就在地上打滚儿或大闹。

爸爸妈妈很伤心，也很伤脑筋，只好来到精神科门诊问专家有没有什么办法。

像这种情况的孩子，在临床上医生可能还会做其他专业诊断，进一步了解究竟是过动症状、智力障碍还是自闭症状之类的。这些疾病的名称看起来也许很陌生，不过没关系，大家只要知道最重要的一点就好了：不管是什么诊断，他们除了对周遭世界的判断能力跟一般的小朋友不太一样以外，其他的跟我们没什么两样。

譬如说，他们跟我们一样，都是很喜欢交朋友的，只不过常常用错表情，对朋友表示好感的方法不太一样罢了。小说里的安迪就是这样，他的好朋友对于安迪表达友情的方式，偶尔也会感到尴尬或是受不了。

我有一个小病人也是类似的情形。他是幼儿园大班的孩子，跟大家一样都很喜欢和朋友们一起玩。可是，因为先天能力的差异，他不太会用语言来表达自己的友善。每次，当他很喜欢另一位同学，想要表达感激时，总是追过去从后面抱住对方。偏偏他的个子比别人高，力气比别人大，每次都弄得同学痛得哇哇叫。他没有安迪幸运，有许多了解安迪、接受安迪甚至保护安迪的朋友；相反，同学们认为他怪怪的，不想进一步去认识他那个有点与众不同的世界，更没机会去欣赏这个世界不寻常的美丽和友善。

甚至，班上刚好有些比较顽皮的同学，他们看他个子大却反应迟钝，就故意开他玩笑。起初，这些同学也只是觉得好玩，他却困窘得不知所措。就像刚刚说的，他没有能力确切地表达自己的感觉，当心情不好或困窘时不是像别人一样表现出沮丧或难过，反而是一股烦闷的感觉使得他不得不尖叫，更严重时甚至在教室走廊乱冲乱跑。同学们嘲笑得更厉害了，有人还给他取了一大堆难听的绰号，他的心情也越来越不好，表达情绪的行为也就越来越激烈了。

然而像安迪这样，虽然他也是有智力障碍的小朋友，表达快乐或生气的方式都与众不同，可是因为他周遭的朋友会用心去揣测他的想法，会以平常心及友善的态度来照顾他，这让他依然天真无邪。

还记得好莱坞在20世纪90年代曾经轰动一时的电影，汤姆·汉克斯主演的《阿甘正传》吗？阿甘就是这样的例子。在他成长的过程中，因为周边有着从来不嘲笑他，甚至永远诚恳地欣赏他，试图理解他的母亲和朋友，他才成为一个拥有赤子心的好人，比任何人都更能坚持理想和正义。

我们的身旁是不是也有像阿甘、安迪这样的朋友呢？我们是不是常常因为他们的世界与我们的世界不太一样，很轻易就做出瞧不起、嘲笑或害怕的反应呢？其实，只要我们愿意放下自己的偏见，试着去了解他们，走进他们的世界，他们将因为我们的友善而不会感觉寂寞和恐惧，我们的生命经验也将更丰富成熟。

如果对这样的尝试感兴趣，不妨去找下面这两本书来看。一本是美国伟大的作家约翰·斯坦贝克写的《人鼠之间》，描述了一位孔武有力的傻大个儿和他一位还算善良的朋友，一起结伴生活的故事；另一本是《献给阿尔吉侬的花束》，描述了一位善良的有智力障碍的人在未来科技的帮助下变聪明，却也发觉了现实世界的丑恶，而宁可继续当"白痴"的故事。

当然，这两本书都有点令人悲伤，也有点不容易懂。但是，看过安迪的故事以后，我们不妨重新去看待周围的朋友，特别是经常被看不起的"坏孩子"和"笨孩子"，看看有没有办法像读小说一样去试着了解他们的心情。说不定，因为你的友善，他们不再感觉寂寞和被误解，因而逐渐恢复了天真，这个世界也因此多了一位快乐而友善的好人。

延伸阅读

《献给阿尔吉侬的花束》（2005），丹尼尔·凯斯著，辽宁教育出版社。

《人鼠之间》（2016），约翰·斯坦贝克著，上海文艺出版社。

《阿甘正传》（2002），温斯顿·葛鲁姆著，人民大学出版社。

活着，其实有很多方式

看见她自己带来的医疗转诊单时，这位医生并没有太注意她，只是例行安排住院检查和固定会谈罢了。

会谈时间是固定的，每周二的下午三点到三点五十分。她走进医生的办公室，一个全然陌生的环境，高耸的书架营造出的压迫感，使她不敢稍多浏览，就羞怯地低下头了。

就像她的医疗纪录上描述的：害羞、极端内向、交谈困难、有严重自闭倾向，怀疑有防卫掩饰的幻想或妄想。

虽然她垂着头，还是可以看见她圆润的双颊有着明显的雀斑。这位医生开口了，问起她迁居以后是否适应困难。她摇摇低垂的头，用细微的声音简单回答："没有。"

后来的日子里，这位医生才发现，对她而言，书写的表达远比交谈容易许多。他要求她随意写写，随意在任何方便的纸张上写下任何她想到的文字。

她的字很纤细，几乎是畏缩地挤在一起。任何人想要阅读都得稍稍费力，才能读懂其中的意思。尤其她的用词，十分抽象，也可以说是十分诗意。

后来医生慢慢了解了她。原来她在一个守着传统思想的村落长大。在那里，也许是生活艰苦的缘故，每一个人都显得十分强悍而有生命力。

她却恰恰相反。从小，四个兄弟姐妹听到爸爸的自行车铃声，就会跑去纠缠刚刚下班的爸爸。爸爸像个魔术师，从远方骑着两个轮子的车飞奔回来，还顺手从口袋里变出大块的糖果。有时不够分，总是站在最后面的她伸出手来，便什么都拿不到了。

她从小在家里就是极端怯懦的，甚至宁可被嘲笑也不敢轻易出门。父亲经常在她面前叹气，担心她的未来，或是直接说这个孩子怎会这么不正常。

不正常？她从小听着，也渐渐相信自己是不正常的人了。在小学的校园里，同学们很容易就能成为朋友，虽然她也很想跟他们打成一片，可就是不知道怎么开口。以前没上学时，家人鲜少和她交谈，似乎认定了她的语言或发音有严重的问题。家人只是叹气或批评，从来就没有想到和她多聊几句。入学年龄到了，她又被送去一个更陌生的环境。和同学相比，她几乎还在牙牙学语的阶段。她想，她真的是不正常了。

还年幼时，医生给她的诊断是自闭症。长大后，也有医生诊断是抑郁症。到了后来，脆弱的她终于崩溃了，她住进了精神病院，被诊断患有精神分裂症。

而她的惶恐没减轻也不曾增加，只是默默接受各种奇奇怪怪的治疗。父母似乎忘记了她的存在。从一开始千里迢迢地每月探望,到后来半年也来不了一次。

从家里到学校,从学校到职场,她都是独立于圈子之外的。直到某一次陷入沮丧中无法自拔,自杀的念头又盘踞心头而纠缠不去,她写了一封信给自己最崇拜的老师。

大家一直觉得她是个奇怪的人,常常不知所云,总是用一些奇怪的字眼来描述一些琐碎不堪的情绪。家人听不懂她的话,同学也不了解她,即使是她最崇拜的老师也认为她只是在呓语,并好心地叫来自己的医生朋友探望她。这就是她住进精神病院的原因。

医院书架上摆着一些过期的杂志,是社会上的爱心人士捐赠的。有些是教人如何烹饪;有些是谈好莱坞明星的幸福生活;有些是深奥的诗词或小说。在医院里的生活茫然又无聊,再加上自己也有些兴趣,她便索性提笔写作了。

没想到那些在家里、在学校或在医院里,总是被视为不知所云的文字,竟然在一流的文学杂志上刊出了。

那家医院的医生有些尴尬,赶快取消了一些较具侵犯性的治疗,开始竖起耳朵听她谈话,仔细分辨是否错过了任何的暗喻或象征。家人也觉得很意外,忽然发现自己家里原来还有这样一位人才。甚至旧日小镇的邻居都不可置信地问:"难道得了这个伟大的文学奖的作者,就是当年那个古怪的小女孩?"

她出院了,并且依靠奖学金出国了。

她来到英国，带着自己的病历主动来到精神医学最著名的莫斯里医院。就这样，在固定的会谈过程中，不知不觉过了两年，这位英国精神科医生才慎重地开了一张证明她没病的诊断书。

那一年，她已经三十四岁了。

只因为从童年开始，她的性格不符合社会对一个人的规范要求，所谓"不正常"的标签也就深深烙印在她身上了。

人类的社会从来都没有想象中理性或科学，反而是自以为是地要求一致的标准，任何超出常态的人、事、物，就会被斥为异常而遭驱逐。如果一个人在童年和青少年阶段，就面临社会集体的拒绝，更是让人只能发展出一套全然不寻常的生存方式。于是，在主流社会的眼中，他们更不正常了。

故事继续发展，这些人果真都成为社会各个角落的不正常或问题人物了。只有仅少数人到中年之际，才终于被接纳和肯定。

这是新西兰女作家珍妮特·弗雷姆的真实故事，发生在20世纪四五十年代。她后来继续孜孜不倦地创作，直到2004年在她的故乡去世为止。弗雷姆是公认的当今新西兰最了不起的小说家。

自我放逐

一张大峡谷的明信片寄到医院里,上面写着她在美国的日子"过得好极了"。字体还是有些稚拙,口气依然十分天真,两年的异乡生活似乎没让佩芬改变太多。

第一次遇见佩芬,是在辅导老师的陪伴下。

明信片是从高处往下俯瞰拍摄的,整个大峡谷正笼罩在余晖中。那年,我们坐在学校的咨询室里,从窗外射进的阳光有些刺眼。

也许因为阳光的照射,室内空气有些闷热。佩芬忍不住开口了,用夸张的口气,开始说些这一阵子"好玩的事情"。下课的时候,附近学校的男生,飙着摩托车,伫立在这所女校的门口。佩芬就在众人诧异的眼光下,昂然展开了在黑夜中追逐的生活。

我习惯性地注视着她的脸,用专注而轻松的表情倾听着这充满挑衅的故事,也同时思考着这一副天真的面具下,究竟隐藏着怎样害怕的心。

"好好玩哦""好可怕哦",她总是用极其可爱的嗲音说着话。

只是，她所叙述的许多行为明明就是离经叛道的，但叙述的口吻却是稚嫩的和兴奋的。而我，又该怎么反应呢？

这个时刻，立刻涌上的念头是善意的规劝："佩芬，我知道这些事很有趣，不过……"我并没有开口。既然我第一时间的反应是这样的，必然有太多亲友师长也曾如此想过，也用过同样的口吻，但肯定都无功而退了。

是不是应该少一点道德谴责呢？"真好玩呀，佩芬，再多说一些，怎么有这么棒的事……"我还是没开口。这样的口气太夸张，不是自己的真实想法。既然觉得佩芬的天真是一副该设法取下的厚重面具，为何我又给自己戴上另一副虚假的面具呢？

我最终还是开口了，伴随着深沉的凝视："真不容易，佩芬，终于卸下了多年来扮演好学生的沉重包袱了。"没有太多的咨询技巧，只是要求自己的同理心依然是最诚实的感觉。

忽然之间，天真的表情消失了，忧伤和困惑在佩芬的眼神转换之间闪现，但又立刻收回，恢复成原来的潇洒，继续爽朗地说着"快乐的事"。

佩芬原来不是这样的。她先前只是这所女校里十分平凡的学生，可是半年前，母亲才去世没多久，原先在病榻旁无微不至照顾母亲的父亲，在数月之内就带回了一位陌生的阿姨。佩芬的悲伤，父亲的坦然，以及阿姨的耐心，终究无法挽回这持续崩溃的生活。十年来从不曾怀疑的女孩要懂事乖巧理解，让她在那一刻陷入充满困惑的混沌状态。以前的天真无邪，转化成为唯一的保护面具。

佩芬流露的悲伤虽然很短暂,但我知道这样就够了。我知道此刻最忌心急。佩芬还没愈合的伤口,正敏感地观望着这些大人们伪善与否。

这一段的治疗关系维持了许久。功课荒废了将近半年的佩芬,最后决定到美国继续上学。我知道对她而言,在原来的学校重新出发是十分困难的挑战。固然,"在什么地方跌倒就在什么地方站起来",但是,如果一个人基本的自恋情绪依旧没法克服,如果完美无瑕的自我要求还是继续存在,选择自我放逐作为追求理想的开始,也未尝不可。

她比我更早离开这个小城,先是在台北补习英文,后来就出国了。第一张明信片是从南阳街寄来的,后来更多的信则是来自美国。我事先就说明了,因为工作忙碌再加上自己惰于写信,恐怕只能祝福她,希望多多听到她的消息,但没法回信。但她还是继续写着一张又一张的明信片。我想,与其说是写给我,不如说是她给自己的某种寄托吧。

佩芬离开了家庭,离开了伤痛。我则因为工作,也拎着沉重的失落感,离开了这座小城。

回到台北没多久,我又遇到了另一位要出国的中学生,英华。她的表情和佩芬是截然不同的。

英华冷漠地抗拒着,偶尔不耐烦地瞪一瞪陪着来的母亲。而母亲也不敢多言语,似乎早已明白太多说教只会让一切更恶化。

我快速翻过沉甸甸的病历，一位从小就在台大医院出入的某种先天性贫血个案。虽然这种病的预后尚可，恶化的可能性不大，不过，要妈妈能够放心让她独立生活，恐怕也不是一件容易的事。

我遇见她的时候，已经有点迟了。英华申请好了学校，也早早就放弃了高考的准备。同班同学都知道英华一毕业就要去美国，羡慕的眼神已经让她不可能回头了。

我们三个人在咨询室里沉默着，彼此等待别人先开口。英华虽然弱小而单薄，却比我们都更耐得住寂静的沉重压力。我想，是多年的病痛过早地扼杀了她的青春，使她学会了冷眼旁观的态度，更擅长保持沉默。

我知道我必须等待，一个比她生命所经历的都还更漫长的倾听。

成长，原本就是漫长而迂回的，根本没有任何可以加速的秘诀。我知道她终究会出国，终究会在一次次的失望后，让自己沉溺在悲伤中继续放逐自己。只是，我想，是不是可以在有限的时间里，让她放松心情，快乐一下呢？

门外，候诊室的人正不耐烦地发着牢骚。而我们，继续沉默。

失去梦和理想

年轻原本应该是爱做梦，甚至冲动也无所谓的。所谓"人不轻狂枉少年"，或像是日本人常说的，日剧也都拿来当作片名的"我于青春无悔"，这些都是年轻人面对未来世界时，应有的一股豪情。其中既有无知无畏的天真，也有对未来世界和自己的满满自信。

最近在一次聚会上，我遇到一位年轻导演，跟着他学电影制作的几个大学生也跟着东扯西聊的。我们谈到一些关于未来的计划时，其中一位就说："其实，最好现实一点，不要有太多理想，这样以后才可以快一点成功，避免跌撞受伤。"

近来，年轻人总爱问："什么工作比较有前途？"

这个问题其实是不稀罕的，特别是在这个年代。每次有机会问高中生或大学生为何考虑读某某科系，几乎百分之百都说是"比较有前途"。我曾在门诊遇见一位名校的高三男生，因为爸爸担心他物理不够好而坚持要求他学文科。他先屈服，可是一开学又后悔了："读文科没前途，以后怎么办？"于是要求父母，一定要想办法改学理科。

我在门诊听他抱怨着，忽然想起自己读高中的那个时代，"建中骄，附中狂"，这一切似乎都很遥远了。

也许这个时代的孩子压力太大了。报纸上每天都有失业人口调查，连重点大学的硕士生也可能因求职失败而自杀；杂志上总是做一些专题，如"三十岁以前一定要成功""三十岁如何拥有一百万的积蓄""二十五岁董事长的故事"……总让人认为在大学时，甚至更早以前，就应该起跑了。

这实在是太不一样了。在那个年代，我还记得自己因为家庭的某些因素，不得不选医学院或农学院时，总觉得自己也充满铜臭味，几乎是以极羞愧的心态偷偷填报志愿的。那个时代，在一些知名的学校里，如果以"比较有前途"来选科系，几乎是在同学之间抬不起头来的。

当然，时代不同了。就像当年，重点学校的学生下课后，几乎没人去补习。现在，一开学，大家都在研究哪家补习班强。一下课，几乎所有学生都涌向了补习班。

这股劲头，当然不是我们那个时代的人能比的。处在这个时代的年轻人，他们所面临的一切，不论是成功的压力，还是失败的危机感，都是我们那一代人无法想象的。

只是，谨慎的计划和步步为营的成熟，固然为未来提供了安全保障，但失去了梦和理想，真的可以创造不一样的人生吗？

我那位导演朋友，听到年轻的助手这样说，原本不想说话，但最后还是忍不住说："我看你不要拍电影了，我还是介绍你去学电影市场营销吧。"

我的勇气遗留在爱琴海

四个女孩因为看了网络上有人在希腊拍的一组题为"我的心遗留在爱琴海"的照片,于是瞒着家人,背上背包,过了两三个礼拜的跳岛蚱蜢生活(指在岛屿之间来来往往地旅行)。

从办公室出来,已经是八点半。我在一家可以露天用餐的小餐馆一个人进食。晚风习习,带有一股秋天的凉意,让我可以完全沉浸在爱琴海的记忆里。圣托里尼那个后来再也找不到的小海湾,当时我们因迷路误闯,在海上夕阳的笼罩下,享受美味的现烤海鲜。老板根据渔民所获决定我们的晚餐内容,典型的地中海式烧烤,还有一壶又一壶的家酿葡萄酒。

我几乎立刻回到一个又一个的旅行记忆里,马上就离开台北,离开手头所有烦人的、赶不完的工作。我是丰富的,有这么多的异国记忆可以让我自由飞翔;我更是幸运的,敢在踏入社会工作后,又还没开始有任何中年迹象前,逼自己离开职场,带着回来找不到工作也无所谓的心情,让自己在三十岁前出国自助旅行很长一段时间。

如今在自己的心理治疗室里，听着年轻的个案抱怨一切，包括旅行。他还是个大学生呢，做什么都会犹豫："我好想出去自助旅行，可就是妈妈老是不放心。"

是呀，能放心的父母又有多少呢？当年上大学时，我也是瞒着父母说是社团活动，其实是攀登中央山脉的奇莱山。父母一定会因为不安全而阻止的，那年合欢山松雪楼上还冻死了一位体魄强健的学生。那里刚好就是我们的出发点。

父母的警告的确没错，登山是危险的。那一次，我们爬上卡楼罗断崖时，三四十公斤的登山背包和酥软的双腿改变了身体的重心，有好几次差点被忽然卷起的强风吹下深渊。然而，应该没人后悔吧。

我们应该后悔吗？特别是每次有山难消息，大学登山队在海鸥中队的救援下脱离险境时，媒体总是有意无意地责备他们"莽撞"或"浪费国家资源"。然而，如果一切都是听父母的，我们的生活圈恐怕就一代一代地缩小了吧。

对新一代的年轻人而言，世界究竟是变小还是变大了呢？没错，有人毕业后去巴厘岛库塔海滩旅行，有家庭过年时阖家出游，也有公司组织员工到曼谷旅行。只是不管去到哪里，你会发现，自己还是在平常生活的那一堆人里。世界，究竟是向我们完全开放了，还是只缩在小小的游览车里？

我在爱琴海的某个小岛上，遇见三个年轻的德国人。他们在海滩靠着草席过了两三天，正要找民宿冲澡。同样是旅人，我也就大方地将自己可眺望海湾的房间借给他们。原来，他们一放暑假就从北德的汉堡市，一路搭免费的便车到意大利威尼斯，而后，才第一次花钱买票，搭船来到爱琴海。天哪！同样是度假，他们三人花费的总额连我的二十分之一都不到。更令人惊讶的是，看起来已经很成熟的他们，居然是过了那个暑假，才刚刚升高中二年级的学生而已。

我忽然发现，自己软弱和恐惧的程度究竟有多大。

唉，有的人是"我的心遗留在爱琴海"，而我，除了偷回许多可以苟且养老的回忆，则是"我的勇气遗留在爱琴海"。

未来，属于走向四面八方的"傻子"

我一个朋友的孩子是台大商学院的高才生，还在读大三的他突然决定要休学。

"为什么要读这个与商业相关的科系呢？"这是我一年前遇见他时，听他说起自己组乐团的种种乐趣和更多的梦想，忍不住问他的一句话。

他说，其实从踏上椰林大道的第一天，就开始问自己这个问题。

第一次见到他是他爸爸安排的。爸爸担心自己的儿子总是不时陷入忧郁情绪，甚至开始写一些相当消极的文章，于是希望我这位从小看着他长大的叔辈，可以劝劝他。

我们约在建国南路上，当年的金石堂，如今已经不见的"我的书房"。

他说上高中的时候就开始参加以摇滚音乐为主的社团，小时候被逼着学钢琴打下的基础很快就让他成为不错的键盘手，社团的学长也就拉着他到处演出。

一开始只是懵懵懂懂，上台两三次以后，不但不再怯场，反而还感觉很过瘾。说到这里，长相斯文的他抬头看了我一眼，好像在说：你一定没法想象我在台上的狂野！

他读高中时成绩并不怎么样，最后一年痛定思痛的他，奋发图强，居然考出了很好的成绩。原本只想在文学院或社科院混混玩社团的，如今这成绩竟可以上台大商学院了。"我是想填哲学系的，可是，又觉得可惜了这分数。"他指的是，如果要读哲学系，当初少考几十分都够。"可是，我又想到了未来，可以一辈子当键盘手吗？"

许多人都是这样。我们总是充满梦想，希望有不一样的未来，偶尔，眼前出现一个不可多得的机会，便瞻前顾后，机会也就像落叶一般倏忽即逝。

上大学的第一年，他就想转系。他读书很用功，其中一个动力就是准备转系。当然，他可能没察觉，但明显的，他其实也很好强，不想输给别人——在所谓大部分人的共同竞赛里，他不只怕输给别人，甚至还要通过领先来证明自己。

是啊，我们都在同一个竞赛场上，从出生的那一刻就出发。只是，这条跑道的终点，也是大部分的人卖力奔跑的去处，难道这是我们唯一的选择吗？

当然不可能。

如果人生只有一种选择，这将多乏味呀！扪心自问，这是我们想要的人生吗？很多人还是选择留下来，特别是冲在前面的那些人，更舍不得离开。

但还是有人离开了。这条路除了跑道，四周还有绿树红花，头顶上还有蓝天白云。也许，停下来伫留几分钟，甚至因为看见一朵美丽的花朵而开始走向更辽阔的草原了。

当时"我的书房"二楼有个音乐架，是"五四三小铺"，一群音乐狂热分子好不容易的成就。没错，也许是一群"傻子"。但我相信，未来属于这一群走向四面八方的"傻子"。

休学，只不过是停下来让自己想一想：我到底想要什么？为什么跟着跑？我告诉朋友的孩子："别担心，去闯荡个两年，如果找不到好玩的，这条路还在这里等着你。"

第五课

拥抱阳光：诊疗室絮语

丰富了我的天使们

之一

"你还记得诊疗室里发生的多少故事呢?"闲聊之间,一个朋友这样问我,那时我们正在巷弄的小店啜饮咖啡,他正在搜集短片的题材。

我点的是拿铁,比卡布奇诺还淡的意大利咖啡,唯恐干扰了夜晚,因而释放出掺杂了记忆和想象的梦境。

然而,对于发生过的事情,我又拥有多少记忆呢?在诊疗室听到的故事,不是小小的空间可以容纳的,甚至也不是我无垠边际的大脑之海能够承载的。

太多的影像和姓名,随着日复一日涌进的患者、家属和病历,被一一遗忘了。能够不仰仗病历纪录,牢牢记住整个过程的,似乎只有眼前这个还在痛苦中挣扎的个案。

某天下午,难得可以安静地坐在办公室整理信件公文。电话响起,是一位女子的声音,因惊讶和紧张而有些结巴,用我还来不及听见的速度,很急促地念过说出的名字。"抱歉,我不知道你在，我原来只想留话。我是要谢谢你上次说的话，让我走出婚姻的困境。"她又沉默了，不知道怎么说下去，"就这样了，再见。"

我很想知道是怎样的个案，怎样的过程，而我自己又给了怎样的建议。

我坐在办公椅上，努力想了好一会儿，仔细回忆这位女子的声音及她含糊提到的名字。她这么随口说出自己的名字，仿佛我应该很熟悉她的一切。而我，却是一丝的记忆也没有了。

我习惯用文字记录，特别是经过理性思考的文字。没有用文字写下的名字，我几乎是无法叫出的，甚至连脸庞，看过三五次的表情，可能因为无法用文字记下而信息输入失败。

然而，也幸亏了遗忘，我可以沉默，所有个案的隐私不必封存，就可以确定保密了。更何况，就像苏联神经生理学家鲁利亚记录的一个案例，任何情景、声音和文字都可以在他脑海中重新放映的超强记忆力，巨细靡遗的细腻情节反而令他没法思考，既不能掌握事情的过程，又无法分析基本的结构。他是拥有超能力记忆的天才，也是没有遗忘能力的病人。而我，因擅长遗忘，心较容易容纳新的记忆。

只是，遗忘是永远不可能彻底的。它像是功能不佳的消磁设备，也许能去除九成的信息，完全的消逝却永远不可能。偶尔安静下来，整个人的身体可以轻松地托付给地心引力，生命的节奏缓慢下来，忆起某一个片段，伴随着一些深刻的感觉。某些以为已经遗忘的片段,某些曾与我面对面坐着的个案,不十分清晰的身影,又慢慢地自黑暗中走了过来。

究竟,我的脑海里还存有多少人和事的残迹呢?

之二

按惯例,精神科住院医生在第二年要到儿童心理卫生中心进行为期三个月的培训。就在那一季,我遇见了这位读初二的小男孩。

虽然只见过一次面,但是我还记得他。被我记住的不是名字(这是我最不擅长的),也不是容颜(他的五官早已跟我曾经接触过的其他数百位个案纠缠不清了),而是一种情绪。

愤怒,倔强,拒绝任何友善的尝试。通过这样的情绪记忆,我勾勒出一双黝黑而忍住泪水的眼眸,紧紧抿着的嘴。甚至,我也想到了一个像小瀚这样带点生命力的名字。

母亲无可奈何地将小瀚拉到医院来,是学校的辅导室要求的,理由是小瀚拒绝上学已经将近半个月了,精疲力竭的母亲实在是走投无路了。

原来,在一个月前,老师上课的时候,坐在后排的两个同学窃窃私语时被发现了。老师大声怒斥,全班同学都回头看着这两个同学,但很快又将注意力转回黑板,唯独小瀚依然静静地保持着扭身回头的姿势。老师忍不住叫了小瀚一声,没反应;再叫几声,他才恍然回过神来,一脸茫然。

敏锐的老师稍稍疑惑一下，又继续上课了。只是几天后，类似的状况又发生了一次，老师不得不提醒家长了。

于是，就像所有焦虑的父母一样，在经历了犹豫、否认和确定之后，母亲立刻带着小瀚到大医院的儿科门诊，然后转介小儿神经科。经过多次检查，医生诊断是癫痫的一种，不常见的单纯型部分发作。

小瀚的症状是轻微的，不过是单纯的失了神。然而就是这片刻的失神，也许半分钟，也许稍长一些，正值敏感青春期的小瀚发觉自己永远不同于别的同学了。

在科幻小说或电影里，我们经常可以读到这类故事，像做了一场大梦一样，昏睡多年以后又回到故土，一切熟悉的人、事、物都因为衰老而变陌生了。在这类故事里，有些情节总会令人无限遐想，仿佛时光旅行一般。然而，一旦发生在自己身上，只剩下恐惧、不知所措和羞怒了。

小瀚失去的只是一刹那，生命中绝大部分熟悉的东西依然熟悉，只不过是多了几个看不见底、永远无法理解的黑洞罢了。这些缺口不会威胁到他，但会给他带来极大的不安全感，在黑暗中像咒语一般地召唤。自己的生命，居然被强行输入了几个和自己不相干的片段。老师和同学的关心，殷切的询问，反而更提醒小瀚自己是异于他人的。

小瀚开始拒绝上学，原先疗效良好的抗癫痫药物也拒绝服用。他拒绝了这个世界，这个像镜子一般照映出他的异常的世界。

拒绝上学让他可以避开提醒自己不同于别人的眼神，而拒绝服药可以欺骗自己一切都没发生。同时，他也拒绝了学校和小儿神经科医生，也拒绝了我这位还是新手的儿童心理医生的帮忙。

从此，我再也没见到过这个个案。不知道他后来是否重新上学或转学了，不知道他是否还拒绝了自己的存在。我还依稀记得他眼神里沉默的怒火，在光线有些昏暗的诊疗室里炯炯发亮。

之三

有些时候，我不免残忍地想：宁可这位病人的症状更严重一些！

脑部功能的微小缺失，往往只是改变了个案一小部分的动作、认知或感觉，整体的认知依然几近完整。

因为几近完整，他可以清楚地意识到自己的缺陷，而且可能是永远无法挽回的病变。如果再严重一点，他的脑部功能继续退化，严重到连辨识自己病变的能力都没有了，甚至连痛苦的能力也缺乏了，也就没有各种情绪反应了。

面对这样微小缺失的患者，站在临床工作者的立场，忍不住要提醒他，他还是拥有百分之九十九的健康，努力活下去吧！然而，个案冷冷的眼神仿佛在说：医生，你没得这个病，不可能知道我的痛苦！

罹患癫痫的小瀚只是其中一个例子，他愤怒的眼神拒绝了任何帮助，连受过专业训练的我们也有了深深的无力感。

多年以后，我受癫痫病友协会的邀请，通过书信解答许多病友询问的相关医疗问题，许多家属也获知了病人适应的困难和被歧视的压力。我看着这一封一封的书信，又想起了小瀚。如果当时国内有这种病友组成的支持团体，小瀚和他无助的妈妈可能就会看到希望。

于是，同样的经验，我试着应用到另一位虽非癫痫，但同样是脑部功能部分缺失的个案身上。

这已经是他第三次住院了。前两次的临床诊断是妥瑞症，这一次又加上了抑郁症。

前两次住院都是为了调整药物：如何寻找最适当也最少量的药物，来达到最好的治疗效果。

他的症状不算轻，会随时冒出秽语、吐痰，甚至突然伸手触碰他人。第一次住院时，妇幼医院儿童心智科蔡文哲医生刚好来台大医院兼任门诊医生。他是我所知道的台湾对妥瑞症研究最深入的医生。我拜托他来给些意见，同时也算是对这种罕见的病症做进一步的诊断。

我们对现今的医疗成效是相当满意的。根据过去的经验，这个个案不自主的动作已降到近年来最少的程度了。但是，对他而言，千里迢迢来到台大医院是要寻求"痊愈"的——不只是完全没有症状，而是要痊愈到不用吃药。我们坦然地告诉了他现代医疗的局限。

失望的他出院以后，开始寻求各种另类医疗，包括传统医疗和宗教治疗等。之后,他遇到一位"包医"的江湖郎中,告诉他这种病要服完几个月的草药,同时将所谓"有毒"的西药完全排出体外后方可痊愈,他只好乖乖停止了原先好不容易调好的西药剂量。

几个礼拜以后,病情又恶化的他,再次出现在门诊室里。住院、调药,一切都要再来一次。

几次失败后,"痊愈"的奇迹似乎真的遥不可及了,他也开始变得沮丧。他这次住院,我拿了萨克斯医生的两本书给他读,《错把妻子当帽子》里的鼓手小雷和《火星上的人类学家》里小镇的外科医生,同样都是妥瑞症候群。我说:"不是让你只看他们的病和治疗方法而已,而是让你想想他们为什么可以活下去。"

我原先以为,只有初中文化程度的他,一定会因看不懂而拒绝阅读。没想到,第三天巡视病房时,他就将书看完并还我了。

他指着书本,问了几个书中的问题,忽然抬起头来说:"为什么台湾没有美国的那一种妥瑞症的病人组织呢?"

之四

很遗憾的是,我们的个案从来都不是十分可爱的。

我这句话的意思是说,相较于萨克斯医生的病例,他推崇的19世纪科学精神,所谓"浪漫"或"传奇"的描述,在我们遇到的个案以及他们的家属身上,通常是可悲也是可怜,甚至是可憎的。

妥瑞症经常让人觉得困窘并将人激怒。

1885年，法国神经科医生妥瑞首先发现了这种病。就像那个时代扩张版图的气氛，征服和殖民不只是政治上的举动，也是科学家们如同拿破仑一般雄心的表现。这种病，也就以发现者的名字而命名为妥瑞症。

妥瑞也是一位业余的剧作家，也许正因为这样，他描述的妥瑞症症状十分生动活泼：脸部肌肉抽搐似的不自主动作，情不自禁模仿或重复别人的言谈举止，忍不住发出怪异的声音，做出肢体不自主的动作。

最有趣的，恐怕是不自主发声这一现象了。这种病给病人所造成的困扰，经常表现为病人在任何场所都可能忍不住说出脏话，讲英语的人经常就是 fuck 或 shit 之类的，而在台湾，最常听到的则是"干"。连脏话的内容，都会随着母语的差异，而做出调整。

在医学院教学的过程中，总有一些典型的个案，经由师长一代一代流传下来。关于妥瑞症，最有名的莫过于一个老兵的故事了。

有一位老兵，又一次因在公共场所随意掀路人的裙子而被告到法庭。法官看了他的档案，发现同样事情已经发生了不下十余次了。难得的是，这位法官有一点心理学的常识，而不只是满脑子的法律条文，他忍不住想，怎么可能有这么怪异的犯罪方式？于是他要求对老兵进行精神鉴定，结果发现这是妥瑞症患者的不自主动作。这位老兵自幼罹患该症数年来，从来没被诊断过。

每当教学时，讲起这个个案学生都会哄然大笑。大家立刻能想象到一位猥琐的老头子，可怜兮兮地站在马路上的模样。

现实里的妥瑞症患者更让人避之不及。有位年轻患者症状严重的时候，处处可以听见他的骂声不断，如果再跟他进一步交谈，他的手就不自主地伸过来，也许是逼近眼睛，也许是往男性的下体或女性的胸部挥去。

这些举动，不管是语言还是动作，实在是太让人难以接受，以致有时连医护人员都忍不住问：他真的不是故意的吗？

所有潜意识的原始冲动都跑出来了，包括性和攻击。这不是所谓的潜意识，也许是因为脑部生理结构上的问题，失去了自我审查的能力。提出潜意识概念的弗洛伊德和妥瑞一样，都是沙可的学生，一直想为他的潜意识理论找到神经生理学的物质基础。

当我面对他时，他的手会随时戳向我的眼睛。幸亏我戴着眼镜，不必闪躲。然而，当他的手不自主地以偷袭一般的速度，突然逼近我的下体时，穿着白袍、当着众多同仁的面的我，又该怎么办？

之五

医生的白袍，是很有意思的服饰。

穿过任何一家医院的长廊，放眼望去就可以看到无数的白袍人。有些一眼看过去，就知道是刚刚来实习的医学生。他们通常成群结队，匆忙行走之余还有很多动作，也许嬉笑也许因为故作严肃而全身僵硬,仿佛身上的白袍不安稳地暂居在他们的躯体上。

然后,你可以看到更资深的白袍人,通常是一个人走着,步伐平稳而节奏快,即使彼此遇见也只是在行进中点个头罢了。白袍纹丝不动,好似根深蒂固地植入躯体,成为他们的肌肤了。

一般的病人见了这样的医生,都会多几分敬畏,而妥瑞症患者面对权威,用合法的疾病及权利,直接触碰了医生的下体,也触碰了医生的困窘和尴尬。

就像所有权威人士或明星一样,耀眼的光芒往往让人忘记了原来他们也是会吃喝拉撒的。一旦提醒了,所有的光就突然消失了。失了这一层光芒肌肤的人,忽然被脱去了一切装饰,窘态百出地裸裎在众人面前了。

然而,疾病是有它特殊的权利的。它可以让人们裸着身子大摇大摆四处游晃,却不会被告违反道德;可以让儿女赖着要父母侍奉,而不会被骂不孝;可以让人随地吐痰、大小便,而不必担心有碍观瞻。疾病有无上的权利,可以超越世上的伦常道德,也可以无视任何科学或其他权利的种种权威。

疾病的权利多大呢?坐上白色的车子,用呜呜叫的喇叭大声表明自己的身份,连最拥挤的路段也都可以让出一条路。不必事先提醒,也不会有人咒骂,那些驾驶员甚至还感到骄傲,因为让救护车先行代表自己救人一命。

只是,这一切特殊的权利通常都是暂时的。在最紧急的状态下,最接近死亡的时候,疾病的权利达到最高峰;一旦长期抗战开始，疾病成为日常生活的一部分，权利也就很快消失了。

怜悯与呵护开始褪去，被忽略许久的恐惧和嫌恶急急涌上。人们开始在各种疗养院、慢性病中心安置自己的爱心，却也巧妙地隔离开了这一切。至于出现在马路旁、家庭中或媒体上的病人，我也许会因为心中浮现的恐惧而远远躲开。

疾病提醒了人们的脆弱和平凡，增加了人们的不安全，进而破坏了人们的美梦。医生穿着白袍，站在社会和病人之间，既联结又隔开了两者。

罹患癫痫的小瀚，当年以愤怒的眼神瞪着披着白袍的我是可以理解的，因为我的医术和同学们的善行替代了整个社会，将他安置在一隅。我们也许是不自觉的，是在其他许多企图下产生的附加行为，小瀚清楚地感受到了。虽然没法用语言说出这种感觉，却是真实地在他身上发生了。

那样的愤怒，只因为还未找到可以慑服众人，让众人自觉羞愧的直击道德的语言。

之六

然而，怎样的道德才是这个社会所敬畏的呢？

这些年，医院建得越来越像五星级旅馆了。仔细擦拭的壁砖和地板，在明亮无比的灯光下闪闪发亮，仿佛以透明的躯体向众人宣告它的纯洁干净。医院，成了人类文明发展的象征，一个治病救人的完美的地方。

完美，一种几近神话的概念，开始成为我们平凡生活中的唯一标准。

很多新闻报道的开头也许会述说当事人的某些缺点，终究还是以完美的家庭故事作结。读者们依循每一幅精美的居家相片上，光鲜亮丽的布置和衣着，开始发现自己的不足。完美的故事，暗示着每一个人的现实生活都是不完美的。

就像我到内科病房探望的一位病患。她是我治疗的个案，患有典型的神经性厌食症，原本一直勉强维持健康状态，没想到阴错阳差彼此无法联络上，几个月不见，她的体重仅有二十六公斤，随时可能发生紧急状况而死亡，我们便迅速安排她住院了。

几天以后再去探望时，因为输液和调理营养的迅速功效，她的体重稍稍增加。虽然还是比标准体重轻许多，她却开始担心逐渐失去那"身轻如燕"的感觉，也开始照镜子，不断从每一个角度检视自己是否太胖了。她说，医院的浴室只看得见上半身，她担心自己的臀部是否又胖得走样了。

一位同来的实习医生忍不住插嘴反问道，会有人才三十公斤出头而臀部太丰腴吗？

在临床沟通技巧上，这是犯了极大错误的问话，问话的人依旧因循着本位的价值观而提出完全没有同理心的质疑。可是，这位从没照顾过厌食症患者的住院医生因惊讶而失去平常的专业态度，其实是可以理解的：居然有人会在濒临瘦死的边缘，还是对肥胖充满了恐惧。

这一两年来，患有厌食症和暴食症的少女已经成为我门诊上的常客，每周总可以遇见一位。

这些年轻的女子仅仅是冰山的一角。在学校里，在同样着迷于完美身材的青少年次文化里，降低体重的泻药或各种催吐方法，如燎原之火一般蔓延着。一位少女就说，可惜老师到厕所巡视只是仔细地闻着有无烟味，如果老师能稍加注意，必然也可以听见在厕所后面呕吐或拉肚子的声音。

体重要减到多轻才是所谓的完美身材呢？

在家里拿起遥控器，顺手按下有线电视频道。广告里，一位家庭主妇正现身说法，说她曾经担心先生有外遇，甚至濒临离婚，后来使用×××以后，体重减轻十二公斤，老公每次应酬都主动带她一起去了。另一位更年轻的女子则说，男朋友不再带她出门了，因为他受不了其他男人偷瞄她的身材的眼神。

我问起另一位女同事：女人真的这么在乎身材吗？她笑了笑，表示没资格回答这个问题。她说，在医院工作的女性医护人员，也许是有专业带来的成就感和终日忙碌的原因，虽然有时也会担心，但几乎没时间深思这个问题。她又说，下次去东区或西门町逛街时多注意看看吧，随处都可以看见瘦得像"鸟仔脚"的女孩，至于在医院工作的人，恐怕很少有人有如此纤瘦的身材。

在欧美国家，到20世纪五六十年代才大量出现了厌食症的个案，有人以类似"婴儿潮"的名词戏称这一现象为"厌食潮"。这种疾病的关键不在厌食或拒食，而在于人们对自己身材的误判

——永远都觉得自己太胖，觉得身材不够完美。

这种对身材"完美"的病态执着，近几年也如火燎原般悄然袭上了台湾。完美原本是一个理想的概念，如今却是文明的西方化所带来的新疾病了。

之七

"从前有一个商人，所有儿女都很俊美，只有大女儿例外，人人都叫她丑八怪。有一天，商人迷了路，来到一座城堡，忍不住偷了七朵金玫瑰，野兽忽然愤怒地出现了……""美女与野兽"的故事情节，是人人都耳熟能详的。只不过，女性主义作家芭芭拉·沃克将它改写成了《丑女与野兽》。

在她的书里，野兽不是被暗咒的王子，而是天生如此。自愿代父偿债的女儿也不是美女，而是世人眼中的丑八怪。然而，因为他们彼此可以卸下虚伪的面具，坦然接受自己的长相，也诚恳接纳对方不寻常的美，童话中的幸福结局还是出现了。

遗憾的是，在我们的生活中，美的标准越来越单一了。厌食症患者只是冰山一角，瘦身行业拥有庞大的营业额更是可以看出这一问题的普遍性。

美的标准一旦单一化，更多的体型必然遭到排斥，更不用提对自己身体缺点的接受了。

前些年，因为参与一部有关疾病纪录片的拍摄工作，认识了几位帕金森病患者，其中包括著名音乐人李泰祥先生。

年轻时，曾经以迷人的风采而闻名于文艺界的他，如今却要面对自己中枢神经的缺损所带来的无法控制的抖动。访问的时候，他已患病数年。他幽默地说，手抖动不已时，就听听古典音乐，当作是在指挥吧。他说，音乐可以让自己平静，也不用在乎自己不能控制的抖动了。

对旁人而言，也许这只是一种自我安慰的技巧，但是这样坦然态度的背后，其实是对人生更深沉的领悟。至少，对李先生而言，他已经跳脱出一般世俗狭隘的美的标准。他不仅接受自己的疾病，甚至将疾病带来的抖动视为自身的一部分，就像微笑或哭泣，都是自己生命中所不可缺少的。

于是，摆脱了对"完美"的执着，自在的态度让他放松，不再刻意地控制自己，抖动反而明显减少了。

在纪录片拍摄的同时，我们也遇见了有着全然不同的态度的患者。他对自己的抖动极其敏感，甚至在妻子和子女面前都刻意掩饰着。仿佛对他而言，身为父亲、丈夫，应该要有完美的形象。

如果我们做个小实验：将双手平举，先放松，然后用力，很快就可以发现使劲时的抖动要明显许多。

对于自己的抖动全然无法接受的患者，他使尽了力气要抑制任何可能的颤抖，但是，肌肉用力的结果是抖动反而更明显了。

纪录片拍摄完毕后，我又陆续听到了一些消息。听说他去申请实验中的脑部开刀治疗方法，甘心成为第一批手术对象。

这样的手术，理论上的确可以减轻帕金森病的症状，却无法完全治愈。我想起了几次会谈中，他总是有意无意地表达若没法回到"完美的状态"，也就是完全不抖动，是不可能善罢甘休的。

如果这次手术真有超水平的疗效，高达九成的症状全消失了，那么，他会接受剩下的一成的症状，安然地与疾病共存吗？

老实说，我相当怀疑。

之八

作为一名精神科医生，其实是十分幸运也十分幸福的。至少，我自己是这样的看法。

经常有朋友忧心忡忡地问我：怎么可能承受得了这么多人的苦难呢？美国有个统计，医生精神科和麻醉科的自杀率最高。而我在这许多苦难中，反而看到了更多样的生命，更强大的潜能，甚至经常可以在相处数年的病人身上，感觉到成长的旺盛活力，仿佛种子落地以后，在深夜里听见了它努力发芽伸出胚叶的欢笑声。

小茜也是我在当住院医生时就认识的个案，那时她还是个朴素的高中生。先天的柔弱体质再加上学习的压力，她因躁郁症发作而被迫休学。

后来，我去了花莲工作，几年以后才又回到同一家医院。没多久才知道她又住院了，而且，在失去联络的这些年，躁郁经常不时袭来。

"你们医生怎么这样子呢？总是欺骗病人说没啥副作用，可是,可是我几乎失去了自己。"她回到门诊时,抱怨上次住院的经历,控诉着强制施行的电气痉挛疗法让她失去了多年的记忆。

虽然,一再复发的躁郁症造成了数次的休学,但她好强的性格还是逼自己考上大学,而且就快毕业了。她的声音充满了压抑的愤怒,常年病痛造成的过度成熟,让她的身上多了几分悲壮,几乎要让小小的门诊室窒息了。

虽然,那次住院不是我负责的,电疗的决定过程更是一点都没参与,但是,强烈的罪恶感还是让我心情沉重。毕竟,在我们专业培训过程中,阅读的厚重书籍和最新论文,都告诉我们电疗造成的记忆力损伤是轻微而短暂的。甚至,在一些世界级专家的文章里,不只有科学实验来证明这副作用的微不足道,也经常引用个案的现身说法作为支持。

小茜却是愤怒的。

上个月,她回到了学校,除了这两年来拿高分的法语几乎完全陌生以外,刚好系上也来了一位外国人。同班的同学都高兴极了,充满了老友重逢的喜悦气氛,她也看见了那位陌生人十分热络地朝向她招手,她很认真地搜索记忆里的每一个角落,却一点印象都没有,只有生疏、困惑和一阵一阵涌上心头的恐慌。

"你知道那感觉吗?像是被所有的朋友抛弃了,一个人孤立在另一个不同的世界。"她平静的口气,反而让我更哀伤了。

我只能鼓励她多讲一些,甚至干脆写下来,再强烈的控诉也无所谓。这般痛苦的经历,几乎撕裂了她勉强支撑的斗志,我却因为是个精神科医生,只要有一点点愧疚感就可以拥有同样的极致体验了。病人难以承受的痛苦,我们却经常轻易地从中获取了专业知识和对人生的体会。

丹麦导演拉斯·冯·提尔所拍摄的作品《医院风云》里有这样令人难忘的一幕,镜头在病历档案室里缓慢游弋,泛黄而斑驳的病历本上积着一层明显的灰尘。这时,旁白喃喃响起:"每一张纸上密密麻麻的字迹,都是由病人的鲜血慢慢写成。"

之九

幸运的是,小茜终于愿意定期服用预防躁郁症复发的药物了。

也许是少年时代生病的特殊经历吧,让她长成了凡事不让人帮助的好强性格,希望完全和同学一样,而拒绝使用病人该有的权利。然而,定期吃药象征着她的与众不同,于是她就经常擅自停药,再加上她严于律己带给自己近乎自虐的压力,经常引起疾病的复发。如今,她愿意定期吃药,相信是她已经更成熟,对自己更有信心、更自在了,也就不再以别人为对象作为自己是否"正常"的标准。

在医院,不管精神科还是内科,似乎总是充满了"不吃药才算正常""吃药就是不健康的人"的观念。于是,糖尿病病人问医生什么时候才可以不用吃药,高血压病人问的也是同样的问题,精神疾病患者也不例外。

我总是推一推自己的眼镜,回答这些急切寻求健康的病人说:

"你看看,近视不也是一种病吗?我这辈子注定要依赖这副眼镜了,但是日子还是可以很充实的呀!"

药物或其他类的长期治疗,重要的是自己能否彻底接受,愿意让它成为自己生活的一部分。如果,我的个案可以做到这一点,我就深深相信他自己的人生哲学已经让他有一定的成熟度了,不再需要以别人作为自己是否正常的指标了。

就像我的青少年时代,有一段最灰暗且充满悲观的岁月。经常一个人坐着火车到台北排队看病,治疗必须长期服药的慢性肾脏病。那时,孤独地坐在漫长的铁道上,担心着是否好不容易减少每天两颗的类固醇又要被医生加个半颗。甚至,在学校里我总是自卑地觉得自己像外星人似的,否则为何没人跟我一样吃药呢?这种敏感的性格蔓延着,就算考试考了班上第一名,都会觉得"与众不同"而痛苦万分。

我是幸运的。那时,一起挤在特别门诊等待的病友,有的日益恶化而必须洗肾,甚至病逝;有的多年后再次重逢时,还定期吃着那几颗粉红色的类固醇。而我是极少数的幸运儿,竟然完全不用吃药,也不必忌讳食物的盐分和运动的负担。

只是,我想,如果我的病不能痊愈,还是必须一直服药,会不会也像小茜和我自己的许多病人一样,因为好强、沮丧或赌气,拒绝服药而将身体毁掉?我相信,如果病情一直延续到高中或大学,恐怕是宁可选择死亡也不愿吃药吧。

我跟大家一样,曾经都害怕自己不够健康、不够完美、没有同龄人应有的模样,永远都是对自己也对别人不断苛责和要求,从来都不懂也不敢肯定自己或夸赞自己,一点点可以让自己喜悦的自恋都不被允许。

然而,跌跌撞撞许多年以后,小茜都做到我所不能做到的了。她开始定期吃药,可见她的性格已经坚韧到可以接受自己的一切,而摆脱了世俗的好坏标准。

之十

捷克小说家米兰·昆德拉著有一本颇受欢迎的小说《不能承受的生命之轻》,原著于1984年出版。

为什么"轻",反而才是生命所无法承受的?昆德拉其实是一位向往着人类永恒价值的作家。对他来说,一切的文明发展都只是越来越轻薄、越来越媚俗罢了。他是相当"精英主义"的,而且,恐怕是尼采式的超人哲学,才会脱口引用犹太俗谚:"人类一思考,上帝就发笑!"人类越是努力去思考,离真理就越远。

对昆德拉来说,一般人都是过着庸庸碌碌的生活,使他不得不以上帝的姿态嘲笑一切。于是,生命中所无法忍受的反而是一切的"轻"。

像我这样一个平凡的精神科医生,坐在不起眼的诊疗室里,仿佛是在井底里深居许久的青蛙。任何走进井里的,都是带来信息的使者,让我认识井外的世界。这时,上帝发不发笑,反而是我不在乎的事了。

每一位个案都是丰富我世界的天使。对他们而言，小小的伤口也许是永远无法遗忘的痛，以致沉重地落入了这口井。而我遇见了，听见了，也因而领悟到生命的一些哲理。

轻，对某些人而言，也许是生命所无法忍受的。然而，在我狭隘的世界，生命所无法遗忘的，都是永远沉重的负担。

延伸阅读

《错把妻子当帽子》(2010)，奥利佛·萨克斯著，中信出版社。

《火星上的人类学家》(2010)，奥利佛·萨克斯著，中信出版社。

《不能承受的生命之轻》(2003)，米兰·昆德拉著，上海译文出版社。

我的朋友王浩威

——读《拥抱青春期：青少年的5堂心理课》的一点随想

陈义芝

尽管认识王浩威许多年，陆陆续续在不少场合听他演讲评论、分析思潮，或自述学思历程、处事方法，对他真实的世界却仍然了解甚少。

他究竟是怎样的一个人？除了未婚，少了一点红尘牵绊，他也谈恋爱、上班、开会、旅行，游荡于剧场、酒吧，喝酒、听音乐、闲聊天、睡觉……他究竟拿什么时间看书、思考？在知识海洋里，他究竟涉猎多宽、沉浸多深？为什么大家总乐于与之亲近，甚至嘴上总挂着"我的朋友王浩威"？是因他有着智慧的大脑吗？是因他有着一张弥勒佛般乐呵呵的笑脸吗？

像王浩威一样知识渊博的学者，大有人在，但踔厉之气溢于外，太锐利了；像王浩威一样兴趣广泛的人，大有人在，但游方学艺之味不足,太单薄了。没有架子、没有距离、不抢话而善于倾听,你说什么他似乎都懂,你说错了也不怕他暗自皱眉,这是王浩威最让朋友(公众)钦服之处。

爱好文学的王浩威最初喜欢写诗。除了台湾学生文学奖的光环,1990年,他更以《我和自己去旅行》一诗获得时报文学奖新诗奖。诗集《献给雨季的歌》记录了他在这方面的成绩。1991年,王浩威任职于花莲慈济医院,雄山秀水的环境召唤他关心地志、关心族群、关心人心深处及历史变化的光影,他完成了散文集《在自恋和忧郁之间飞行》《海岸浮现》,笔法自然细腻,情感醇厚真实,最可贵的是题材的开拓——为散文创作探勘了新路。

几年前,在一次散文推荐奖评选会上,我曾推荐王浩威,虽未获全体赞同,以致未得奖,但他笔下展开的医学世界、心理奇景,无穷曲折繁复、触痛心弦、引人怅憾低回的生命图像,的确是很具"时代感"的文章。

就以《台湾少年记事》这本书来说,他再次为我们揭示了一个丰盈的内心世界,这个世界告诉我们生命本身就是难题,不同的人、事、地,共同或类似的因子,造就出环扣相生的伤痛。书中,有的人厌食,有的人躁郁,有的人时常失神,有的人害怕失败;有的人失去自我,有的人不知如何表达自己;有的人不自主地冒出秽语,不自主地去掀路人的裙子,错愕、沮丧、恐惧、挣扎、恨……以及诸多"不正常"的社会烙印。我有时候会想,你我谁不是病人?生命,原就是一面风月宝鉴,我们不能躲着不去看恐怖丑陋的那一面，只有在血迹淋漓注视中才能参悟人生的轻重，看出生命的真假。倘若只贪看"美好"的影像，不免有趋于麻醉自毙之虞。

面对这许多的故事、诊疗的个案，王浩威扮演了一位颇具同理心的倾听者。他知道那些病历是一个个病人用带着伤口的生命写出来的，他视病人为带着信息的"使者"，他们彼此交换生命的信息。

王浩威说："精神科的门诊比文章或电影还要精彩，每一个个案背后的故事其实都比很多小说更引人入胜。"《拥抱青春期：青少年的5堂心理课》正是一本讲述精神科门诊个案的书，医学与心理分析的专业知识、诗的感情与小说的情节使我确信，它是近年来罕见的一本能发人深省的好书。

遇见青少年

王浩威

青少年的辅导工作,原本不在我作为精神科医生的生涯规划里。

1991年,结束了台大医院住院医生的培训后,我到花莲慈济医院设立精神科,担任了四年的主治医生兼代理主任。新认识的同事辗转介绍了一对在大学任职的夫妻,他们带着读初中的女儿来到门诊,要我劝她好好考高中,不要一心一意想读艺校做明星。

当时的我,虽然有儿童精神医学、心理治疗和家庭辅导等专业培训背景,但是与青少年个案接触的机会其实是很少的。

于是,在面对她不耐烦的漫长沉默时,忍不住问起她的喜好,想要用示好来博取信任。她终于开口说了一首歌的名字,问我知道吗?当时的我还自以为是地撒了谎,表示"好像听过,一下子想不起来"。也许因为青少年的敏感,她立刻提了一个名字,问我知道否。我愣了一下,又说:"好像听过。"从此,她再也不开口了。

原来,她提到的歌是当时刚出道而名噪一时的某明星的成名歌曲。然而,我却在许久以后才知道这位明星的名字,还有,原来这位明星也曾在她想读的艺校就读过。

青少年的次文化是我永远无法追随的,而且,正因为遇见青少年,我开始发觉自己有着想扮演上帝一般全知全能的情结。也因此,遇见青少年我不仅没有被泛滥的信息淹没,甚至还有所累积,对我而言,这也就成为新的挑战和新的学习机会。

我最大的改变是开始发问,对社会、对生命、对身为成人的我。例如,我疑惑:"未来的孩子会更幸福吗?"

某些方面而言,他们的确会有更多的资源——但也仅止于家庭功能尚可。

随着社会结构的改变,维持家庭运作的成本急遽提高,自顾不暇的情形越来越严重,传统的家族功能已经名存实亡。

在一次以"走过童年伤痕"为主题的征文活动中,可以清楚地看到"贫穷"对个人成长的影响越来越深远了。在二十年前或更早以前,贫穷带来的心理伤害主要是以社会(班上同学、老师或邻居、一般大众等)的嘲笑为主,亲情还是不变的,甚至因为穷而彼此更亲近。现在,"贫穷"却直接摧毁了一个家庭——也许是父亲酗酒施暴,也许是母亲不堪负荷而离去,而孩子们直接暴露在社会环境中,遭到性或身体伤害的危险也就更多了。

此外,经过功能缩小过程后还能维持良好资源的家庭,也许没有贫穷的威胁,可是新的照顾和相处方式还没有诞生。于是,不知如何教育子女的父母，给了孩子许多的爱和关心，但是同时产生的焦虑和不放心，反而在孩子的成长过程中给孩子造成了窒息的感觉。不知所措的爱，变成另一种伤害。当然，这样的伤害可能比前述的贫穷的影响要小得多。

未来的孩子更幸福？关于这一点，实在不敢确定。但是，可以确定的是，平均来说，未来孩子的成长环境依然存在危险。

在我自己还是少年，面对许多不愉快的经历时，总是会暗自表示：绝不让下一代也有同样的遭遇。当时这么自我期许着，成长以后也一直如此自我要求。只是，几年的临床工作，让我发觉单单这样已经很不容易了，但是，严格说起来，其实是不够好。

大人们千万不要忘记自己青少年时期的不愉快经历，不过，这只是为了让下一代更好，倘若以为这样就够了，反而会犯下另一种自以为是的大错。

临床的工作带给我更多的冲击，让我从做善事的心态，逐渐转变成视之为学习和成长的机会。我发觉除了不要让下一代重蹈覆辙以外，更容易疏忽的是随着社会结构的改变，而悄然发生的前所未有的困境。这些容易看不见的问题，不仅是青少年无力解决的，恐怕我们大人也只能书空咄咄罢了。

未来的最大挑战还躲在黑暗中，躲在我们共同的盲点里，悲观是应该的，焦虑也是应该的，然而，克服所有困难的办法也有，那就是：行动！

如果爱我们的孩子，就开始行动吧！